焦作市 2021 年暴雨洪水

焦迎乐　主编

黄河水利出版社

·郑州·

内 容 提 要

本书根据实测暴雨洪水资料,系统描述和分析了2021年焦作市发生的4次主要暴雨过程及特点,特别是详细分析了"7·20"特大暴雨的成因和特点,对河道及中型水库洪水过程、量级进行了分析,并与历史实测主要暴雨、洪水进行了比较,结合设计暴雨和河道、中型水库防洪能力,简要总结了防洪工作中的宝贵经验教训。对今后水文测报、防汛抢险、工程调度运用具有重要的参考价值。

本书可供从事防汛抗旱、水工程调度、水旱灾害防御、水文监测的技术人员和管理人员以及相关领域的科研、教学及工程技术人员参考。

图书在版编目(CIP)数据

焦作市2021年暴雨洪水/焦迎乐主编. —郑州:黄河水利出版社,2022.12
ISBN 978-7-5509-3393-4

Ⅰ.①焦…　Ⅱ.①焦…　Ⅲ.①暴雨洪水-研究-焦作-2021　Ⅳ.①P333.2

中国版本图书馆CIP数据核字(2022)第177333号

组稿编辑:贾会珍　电话:0371-66028027　E-mail:110885539@qq.com

出 版 社:黄河水利出版社　　　　　　　　　　网址:www.yrcp.com
　　　地址:河南省郑州市顺河路黄委会综合楼14层　邮政编码:450003
发行单位:黄河水利出版社
　　　发行部电话:0371-66026940、66020550、66028024、66022620(传真)
　　　E-mail:hhslcbs@126.com
承印单位:河南新华印刷集团有限公司
开本:787 mm×1 092 mm　1/16
印张:10
字数:231千字
版次:2022年12月第1版　　　　　　　印次:2022年12月第1次印刷

定价:60.00元

《焦作市 2021 年暴雨洪水》编委会

主　　编：焦迎乐

副 主 编：赵志鹏　吴春峰　孟文民

　　　　　董向东　吕雪茹　宋小鸥

参编人员：张东霞　余畅畅　宁孝康

　　　　　石金鹏　王佳辉　郭梦田

　　　　　吴庆中　郝　捷　李晨希

　　　　　王　宁　闫志敏　原晗卿

前　言

　　2021年焦作市先后经历5次暴雨、大暴雨和特大暴雨,其中"7·11"暴雨为小流域局部暴雨,是白水河有记录以来最大降水;"7·20"特大暴雨强度大、历时长、范围广、灾情重,12 h最大雨量,24 h和3 d、7 d雨量均刷新了焦作市有记录以来的雨量极值;9月的连续降雨为历史罕见的秋汛,创造了焦作市有记录以来的9月最大降水记录。多次大暴雨、特大暴雨造成了严重的洪涝灾害,农田积水严重,农作物大面积绝收。

　　7月11日焦作市黄河流域丹河支流白水河发生特大暴雨,下游山路平水文站洪峰流量1 120 m³/s,仅次于1954年、1956年和1957年的洪水,为设站以来的第4位。

　　7月22日海河流域大沙河修武水文站出现设站以来最大洪水,洪峰水位83.65 m,超过该站1963年8月最高洪水位83.02 m,比原记录高出0.63 m;洪峰流量为510 m³/s,超过1963年的289 m³/s。

　　黄河流域沁河河口村水库下游五龙口水文站9月26日洪峰流量1 860 m³/s,仅次于1982年和1954年的洪水。下游武陟水文站9月27日15:24洪峰水位106.12 m,洪峰流量2 000 m³/s,为1982年以来最大洪水,仅次于1982年、1954年和1956年的洪水,为设站以来的第4位。

　　为全面分析本年典型暴雨洪水,评价其特性,掌握其规律,为防洪减灾、水利规划、工程设计和水利工程运用管理、水文测报等提供宝贵的资料,河南省焦作水文水资源勘测局专门成立了暴雨洪水分析调查小组,收集资料,科学分析,准确计算,完成了本书的编写工作。

　　由于编者水平有限,书中疏漏之处在所难免,敬请读者批评指正。

编　者
2022年7月

目　录

第 1 章　区域概况

1.1　行政区划与自然地理

　　焦作市地处河南省西北部,黄河北畔,太行山南麓,处于华北、华东、华中通向西北的咽喉地带,地跨东经 112°43′31″~113°38′35″和北纬 34°49′03″~35°29′45″。东西长 102.05 km,南北宽 75.43 km,土地面积 4 071 km²。现辖山阳区、解放区、中站区、马村区 4 个区和城乡一体化示范区,以及博爱县、武陟县、修武县、温县 4 县和沁阳、孟州 2 个县级市。东与新乡市的获嘉县、辉县市、原阳县毗邻,南隔黄河与郑州市及其所辖的荥阳市、巩义市和洛阳市的偃师区、孟津区相望,西与济源市相邻,北与山西省晋城市接壤。焦作市行政区划见图 1-1。

1.2　社会经济

　　截至 2020 年底,全市常住人口 352 万人,其中城镇人口 222 万人。全市国内生产总值 2 123.6 亿元,人均国内生产总值达到 60 384 元。全市耕地面积 273.72 万亩(1 亩 = 1/15 hm²,下同),有效灌溉面积为 258.3 万亩。全市农业主要以种植业为主,包括粮食作物、经济作物和其他作物,全年粮食产量 212.38 万 t。

1.3　地形地貌

　　焦作市平原区面积 3 046.5 km²,占全市土地面积的 71.3%,主要分布在黄沁河冲积平原、蟒河平原及卫河平原,是耕地的主要集中带;山丘区面积 1 024.5 km²,占全市土地面积的 28.7%,主要分布在北部的太行山区及山前丘陵岗地,孟州市西部也有一部分丘陵区。

　　焦作市地处太行山脉与豫北平原的过渡地带,全区地形西北高、东南低,呈阶梯式变化,层次分明。北部为太行山区,地面高程 200~1 790 m,地形陡峭,河谷深切,岩石裸露,发育地表岩溶景观,地面起伏大;市区及南部为山前倾斜平原区和黄河沁河冲洪积平原,地形略向南、南东倾斜,由北向南逐渐降低,地面高程 80~200 m。

　　沁河口以南的扇形平原,是历史上沁河冲积的产物。区内中东部平原,为华北大平原的一部分,焦作市的东部正处于黄河大冲积扇的顶端。在山前倾斜平原和黄河冲积平原之间,形成了一条狭窄的槽状交接洼地,分界线为沁河。因此,根据地貌成因和形态特征,并考虑到空间分布上的联系将全市地貌依次划分为十个类型区(见图 1-2)。

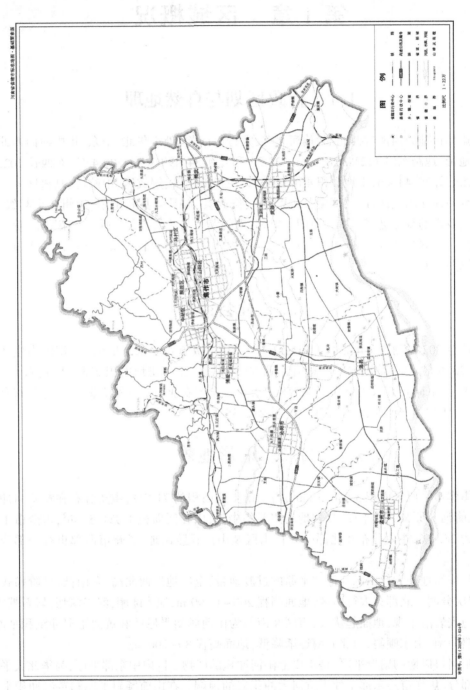

图 1-1　焦作市行政区划图

图　例

I	侵蚀剥蚀山地
I_1	构造侵蚀低中山
I_2	构造侵蚀低山
I_3	构造侵蚀丘陵、台地
II	冲洪积平原
II_1	坡洪积斜地
II_2	冲洪积扇群(群)
II_3	冲洪积扇前(间)洼地
II_4	黄沁冲积平原
II_5	黄河漫滩

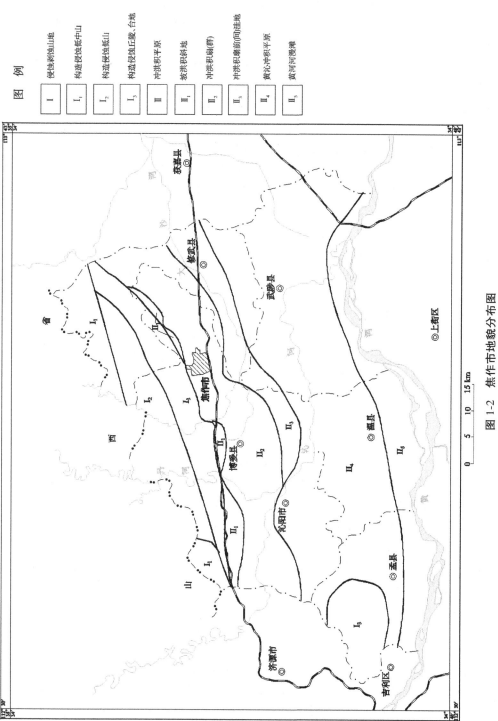

图 1-2　焦作市地貌分布图

(1)太行山地:位于太行山的南端,山西地台东南边缘。区内断层发育,沟谷纵横,地形陡峭,岗峦叠嶂,大部分为中山和低山丘陵。组成物质底部属古老的片麻岩、片岩、石英岩,中部为灰岩夹页岩,上部为厚层石灰岩,岩溶地貌较发育,多裂隙水和溶洞水。雨季多山洪,水土流失较重。

(2)山前丘陵岗地:主要分布在太行山地中低山的南侧,是一条很窄的陡坡地,山坡较为陡峻,可达 30°~50°。组成物质主要为石灰岩,因而岩溶地貌形态特征较显著,主要表现为地下河,溶洞及喀斯特泉发育。本区土薄石多,漏水严重。

(3)低山丘陵地:主要分布在孟州市西部。丘陵较低,土层深厚,切割强烈,沟谷纵横,水土流失严重,但丘间谷地较宽,是良好的耕地。

(4)太行山前倾斜平原:处于太行山南麓,由一连串洪积扇连接而成。海拔多为100~200 m,坡降为 1/100~1/600。冲积扇靠近山口部分为坡地,土少石多,地力贫瘠,上部土层较厚,但坡降较陡,侵蚀切割重;中部平缓开阔,下部更趋缓平。在其前缘与沁河冲积平原之间的过渡地带,为一扇前洼地。

(5)太行山前交接洼地:这一交接洼地正处于倾斜平原的前缘和沁河冲积平原的过渡地带,南北宽 5~10 km。地势低洼,地面向南、东南倾斜,坡降 1/1 500~1/4 000。

(6)沁河冲积扇形平原:沁河在济源五龙口流出山地入平原,经沁阳、博爱、温县至武陟入黄河,沁河含沙量大,为地上河,两岸有堤防约束,历史上曾经多次泛滥沉积,形成一系列冲积扇,这些不同时期的冲积扇叠加复合构成了今日的沁河冲积平原。其上部起自济源境内的山前平原,中下部北抵大沙河,西止蟒河谷地,南到育风岭,东达沁南洼地。地面向东南倾斜。冲积扇上部较陡,并有西北东南向的微岗地与槽状洼地相间排列。

(7)青风岭岗地:分布在温县、孟州境内黄河滩的北侧,东西长约 40 km,南北宽 2~4 km。这里是古黄河大冲积扇的顶点,青风岭则为黄河长期泛滥形成的自然堤。黄河侵蚀使岗地的南沿形成高出滩地 4~8 m 的陡坎,岗地北侧以缓坡同沁河冲积扇相连。

(8)沁南封闭洼地:分布于黄河、沁河和蟒河的交汇处,北、东、南三面均为地上河,由于沁河、黄河堤内滩地高出堤外地面 3~4 m,从而形成了这一封闭的排水不畅的低洼区。

(9)郇封岭岗地:岗地高出西侧地面 2~4 m,分布于大狮涝河和共产主义渠之间,是由沁河历次决口泛滥沉积而成的,由西南向东北伸延,长约 40 km,宽 3~6 km。土壤自西南向东北由沙壤土、壤土到黏土,也是重要的粮棉产区。

(10)黄河滩地:分布在黄河大堤以南到黄河主流之间,由北向南呈阶梯式下降,其形成先后分为高河漫滩、低河漫滩和嫩滩,每级滩面都较平坦,地势高于堤外。

1.4　水文气象

焦作市属暖温带大陆性季风气候区,由于受地形和季风影响,气候季节差异性较大,总的特点是春季温暖多风,夏季炎热多雨,秋季天高气爽,冬季干冷少雪。7 月最热,1 月最冷,根据 1956—2020 年的降水资料,全市多年平均气温 14.3 ℃,极端最低气温 -22.4 ℃(1990 年 2 月 1 日),极端最高气温 43.6 ℃(1966 年 6 月 22 日)。年均无霜期 237 d,年均日照时数 2 310 h。

受地形及区域性气候条件影响,全市降水量由山区到平原逐渐减少。根据 1956—2020 年的降水资料,全市多年平均降水量 582.3 mm,年最大降水量 964.4 mm(1964 年),年最小降水量 326.9 mm(1997 年)。

降水量年内分配不均,一般多集中在汛期的 7 月、8 月,次为 6 月、9 月,汛期 4 个月的多年平均降水量为 396.5 mm,占全年降水量的 68.1%,汛期最大降水量为 674.2 mm(1956 年),汛期最小降水量 189.6 mm(1997 年)。非汛期的 10 月到翌年 5 月降水量较小,8 个月的多年平均降水量只有 185.8 mm,仅占全年降水量的 31.9%。尤其是年初的 1 月、2 月和年末 12 月的降水量更少,多年平均值仅为 24.9 mm。

降水量的年际变化也很大,丰水年降水量达枯水年降水量的 3 倍左右。蒸发量和降水量的相关性较强,季节分配不均,年际变化大,多年平均蒸发量 1 538.6 mm。

本区域暴雨主要是天气系统与地形条件结合所致,产生暴雨的天气系统主要有台风、台风倒槽、切变线以及冷锋、气旋波和低压槽。从地形特点来看,本区域地势北高南低,北部为太行山,南部为平原,夏秋两季受太平洋副热带高压控制,多为东南风,暖湿气流行进过程中受太行山的阻挡和抬升影响,易在山前迎风坡地带产生暴雨。暴雨主要发生在 7~8 月,尤以 7 月下旬至 8 月上旬最为集中。

1.5　河流水系及水利工程

1.5.1　河流水系

焦作市位于黄河中下游的分界处,海河流域的最西端,以丹河、沁河、黄河左堤为界,分属于黄河、海河两大流域。其中,黄河流域面积 2 150 km²,占全市总土地面积的 52.8%;海河流域面积 1 921 km²,占全市总土地面积的 47.2%。境内河流众多,流域面积在 1 000 km² 以上的河流有 5 条(详见表 1-1),黄河流域有黄河、沁河、丹河和蟒河,海河流域有大沙河。流域面积为 100~1 000 km² 的河流有 18 条(详见表 1-2),流域面积为 50~100 km² 的河流有 12 条(详见表 1-3),流域面积为 30~50 km² 的河流有 25 条(详见表 1-4)。焦作市河流水系分布见图 1-3。

表 1-1　流域面积在 1 000 km² 以上的河流基本参数表

序号	流域	河流名称	上一级河流名称	流域面积/km²	河长/km
1	黄河	黄河	渤海	752 443	5 464
2	黄河	沁河	黄河	13 532	485.5
3	黄河	丹河	沁河	3 152	169.1
4	海河	大沙河	卫河	2 688	115.5
5	黄河	蟒河	黄河	1 328	133.3

表 1-2　流域面积为 100~1 000 km² 的河流基本参数表

序号	流域	河流名称	流经县（市、区）	上一级河流名称	流域面积/km²	河长/km	比降/‰
1	海河	蒋沟	博爱县、武陟县、修武县	大沙河	365.9	46	0.710
2	海河	新河	山阳区、中站区、解放区、修武县	大沙河	280.3	20	0.491
3	海河	山门河	山西陵川县、修武县、山阳区	大沙河	143.5	44	11.8
4	海河	陆村涝河	修武县、马村区	大沙河	124.3	21	5.07
5	海河	纸坊沟河	山西陵川县、修武县、辉县市、获嘉县	大沙河	228.4	52	12.5
6	海河	大狮涝河	武陟县、修武县、获嘉县	大沙河	275.6	40	0.403
7	海河	共产主义渠上段	武陟县、修武县、新乡县	大沙河	500.4	50	0.250
8	海河	二干排	获嘉县	共产主义渠上段	148.1	21	0.446
9	黄河	猪龙河	济源市、沁阳市、孟州市、温县	蟒河	140.1	36	0.609
10	黄河	安全河	济源市、沁阳市	沁河	171.6	16	0.521
11	黄河	逍遥石河	山西泽州市、沁阳市	沁河	171.2	46	12.1
12	黄河	二四区涝河	武陟县	黄河	162.7	10	0.093
13	黄河	老蟒河	孟州市、温县、武陟县	黄河	630.5	41	0.217
14	黄河	荥涝河	沁阳市、温县	老蟒河	236.9	33	0.509
15	黄河	蚰蜒涝河	沁阳市、温县	荥涝河	134.3	20	0.491
16	黄河	济河	济源市、沁阳市、温县、武陟县	老蟒河	318.5	65	0.497
17	黄河	白水河	山西泽州市、沁阳市、博爱县	丹河	411.7	61	15.9
18	汶水河	黄河	济源市、孟州市	黄河	131.6	33	0.988

表 1-3　流域面积为 50~100 km² 的河流基本参数表

序号	流域	河流名称	流经县(市、区)	上一级河流名称	流域面积/km²	河长/km
1	海河	幸福河	博爱县、武陟县	大沙河	82.0	30.0
2	海河	勒马河	博爱县、武陟县	蒋沟河	62.5	18.0
3	海河	白马门河	中站区、解放区	新河	66.6	27.0
4	海河	老运粮河	修武县、获嘉县	大狮涝河	85.6	19.0
5	海河	一干排	武陟县、获嘉县	共产主义渠上段	71.5	17.0
6	黄河	老运粮河	济源市、孟州市、洛阳市、孟津区	黄河	68.9	18.0
7	黄河	仙神河	山西省泽州县、沁阳市	安全河	60.9	32.0
8	黄河	周村涝河	温县、武陟县	济河	72.3	19.0
9	海河	北蒋沟	博爱县	蒋沟	50.5	19.2
10	海河	南蒋沟	博爱县	蒋沟	50.8	20.7
11	黄河	龙门河	沁阳市	丹河	54.6	25.3
12	黄河	大新河	博爱县	丹河	51.0	14.0

表 1-4　流域面积为 30~50 km² 的河流基本参数表

序号	流域	河流名称	流经县(市、区)	上一级河流名称	流域面积/km²	河长/km
1	海河	西村石河	修武县	山门河	34	13
2	海河	西村石河	修武县	山门河	34.7	15
3	海河	交粮河	修武县	大沙河	32.8	9.3
4	海河	群英河	修武县、解放区、山阳区	新河	33.4	23.1
5	海河	翁涧河	修武县、山阳区	新河	34	20.2
6	海河	普济河	中站区、解放区、山阳区	新河	35.7	13.2
7	海河	李河	山阳区	新河	34.5	10.3
8	海河	南横河	博爱县	蒋沟	45.6	10.8
9	海河	隔渗沟	武陟县	共产主义渠上段	30	10
10	海河	三八涝河	武陟县	蒋沟	31	16
11	海河	老武嘉	武陟县	二干排	32	15
12	黄河	云阳河	沁阳市	安全河	30	9.5
13	黄河	伏背涝河	沁阳市	沁河	34.2	15
14	黄河	济蟒截排	沁阳市、温县	蟒河	38.5	15.7

续表 1-4

序号	流域	河流名称	流经县(市、区)	上一级河流名称	流域面积/km²	河长/km
15	黄河	护城涝河	沁阳市、温县	济河	40	22.8
16	黄河	善台涝河	温县、武陟县	济河	35	9
17	黄河	上秦河	博爱县	丹河	—	13.2
18	黄河	下秦河	博爱县	丹河	—	12.3
19	黄河	阳城排	武陟县	沁河	30	8
20	黄河	梧桐涝河	孟州市	蟒河	40	10
21	黄河	化工涝河	孟州市	蟒河	35	15
22	黄河	移民涝河	孟州市	黄河	32	8.1
23	黄河	桐河	孟州市	蟒河	44	10
24	黄河	南那沟	孟州市	蟒河	44	12.6
25	黄河	穿蟒涝河	孟州市	猪龙河	31	8

1.5.1.1　黄河

黄河为区内最大的过境河流,由孟州市西虢镇进入焦作市,自西向东流经孟州、温县、武陟三县(市),于武陟县溜村出境,焦作市境内河段长约 98 km,流域面积 2 150 km²。根据花园口水文站实测资料,黄河最大洪水为 22 300 m³/s(1958 年 7 月 17 日),平水期流量一般保持在 400~1 000 m³/s。黄河为著名的"地上悬河",滩面平均高出背河地面 3~5 m,部分河段达 10 m,可对两岸地下水进行有效补给。

1.5.1.2　沁河

沁河属黄河流域,是黄河小浪底至花园口之间的两大支流之一。发源于山西省沁源县霍山南麓的二郎神沟,由北向南流经山西省的沁源县、安泽县、沁水县、阳城县,于晋城市阳城县栓驴泉进入河南省济源市境内。从济源市五龙口镇出太行山进入平原,在沁阳市的伏背村进入焦作市境内,流经沁阳市、博爱县、温县、武陟县,于武陟县南贾村汇入黄河。河流全长 485.5 km,流域面积 13 532 km²,其中山西省境内面积 12 148 km²,河南省境内面积 1 384 km²。沁河在焦作市段长约 90 km,在济源市五龙口镇以下进入冲积平原,河床淤积,沁阳市以下形成"悬河",河底高出堤外地面 2~4 m。

1.5.1.3　丹河

丹河发源于山西省晋城市高平县丹珠岭,经晋城市泽州县,在河南省焦作市博爱县二横山青天河村入境,至博爱县九府庄村西出山口,在博爱县磨头镇陈庄村汇入沁河,是沁阳市、博爱县两地的界河。丹河全长 169.1 km,焦作市内河长 50 km,总流域面积 3 152 km²,其中焦作市内面积 171 km²。

1.5.1.4　蟒河

蟒河发源于山西省阳城县花野岭,流经济源市、孟州市、温县,在武陟县大封镇董宋村

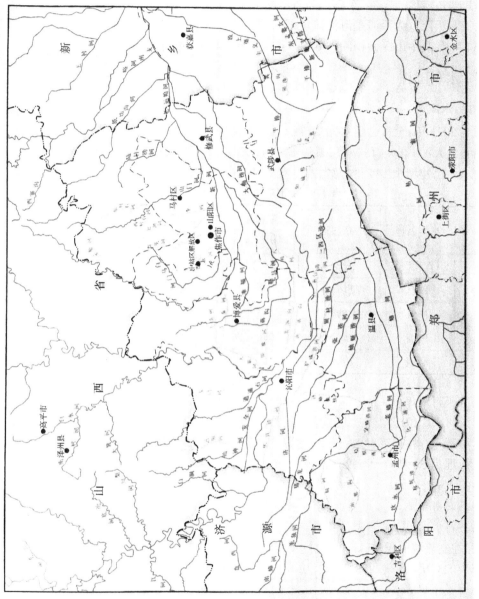

图 1-3　焦作市河流水系图

入黄河。全长 133.3 km，控制流域面积 1 328 km²（其中山区 542 km²，平原 786 km²），山西省境内流域面积 57 km²，济源市境内流域面积 613 km²，焦作市境内流域面积 658 km²。

1.5.1.5　大沙河

大沙河发源于山西省陵川县夺火镇，南流至博爱县闫庄出山口，由北向南渐转西东走向穿越焦作市城区，在城区东南部与蒋沟河汇流后流出市区，之后经修武县于新乡市合河镇流入卫河干流。大沙河是海河流域卫河的源头支流，在焦作市出境断面以上流域面积约 1 664 km²，其中山区面积约占 60%，主要支流有蒋沟河、新河、山门河等。

1.5.2　水利工程

1.5.2.1　水库

截至 2021 年，全市已建水库 26 座，总库容 1.5 亿 m³，其中中型水库 5 座，分别为顺涧、白墙、青天河、群英、马鞍石，总库容约 1.08 亿 m³，见表 1-5；小型水库 21 座，总库容 0.42 亿 m³；已建塘坝 144 处，总蓄水容量 0.047 亿 m³。

表 1-5　全市中型水库基本情况表

序号	水库名称	所在河道	控制流域面积/km²	总库容/万 m³	兴利库容/万 m³	设计最大泄量/（万 m³/s）
1	青天河	丹河	2 513	2 070	1 690	2 800
2	马鞍石	纸坊沟	90	1 023	842	1 518
3	群英	大沙河	165	2 000	1 247	960
4	白墙	蟒河	710	4 000	672	400
5	顺涧	汶水河	30	1 755	1 548	1 048

1）青天河水库

青天河水库位于博爱县北部山区的丹河上，坝址在焦太铁路丹河桥上游 1 km 处，是一座集灌溉、防洪、梯级发电、供水、旅游于一体的中型水库，控制流域面积 2 513 km²。设计洪水标准为 50 年一遇，校核洪水标准为 1 000 年一遇，总库容 2 070 万 m³，兴利库容 1 690 万 m³。

2）马鞍石水库

马鞍石水库位于修武县北部山区的纸坊沟上游，是一座以防洪、灌溉、供水为主的中型水库，控制流域面积 90 km²。设计洪水标准为 50 年一遇，校核洪水标准为 500 年一遇，总库容 1 023 万 m³，兴利库容 842 万 m³。

3）群英水库

群英水库位于焦作市西北部大沙河上游的峡谷中，是一座集灌溉、防洪、供水、旅游于一体的中型水库，控制流域面积 165 km²。设计洪水标准为 50 年一遇，校核洪水标准为 1 000 年一遇，总库容 2 000 万 m³，兴利库容 1 247 万 m³。

4）白墙水库

白墙水库位于孟州市西北部蟒河中游，是一座以防洪为主，兼顾灌溉等综合利用的中型水库,控制流域面积 710 km^2。设计洪水标准为 50 年一遇,校核洪水标准为 500 年一遇,总库容 4 000 万 m^3,兴利库容 672 万 m^3。

5)顺涧水库

顺涧水库位于孟州市西虢镇顺涧村东北部的汶水河上,是一座以防洪、灌溉为主,兼顾旅游开发等综合利用的中型水库。控制流域面积 30 km^2。设计洪水标准为 50 年一遇,校核洪水标准为 1 000 年一遇,总库容 1 755 万 m^3,兴利库容 1 548 万 m^3。

1.5.2.2　水闸

全市中型以上水闸有 4 座,分布在大沙河上,各类小型水闸 163 座,详见表 1-6。

表 1-6　全市主要水闸基本情况表

序号	工程名称	所在河流	工程位置	设计过闸流量/ (m^3/s)	工程等别
1	周庄闸	大沙河	修武县周庄乡	140	Ⅲ
2	常桥闸	大沙河	修武县郇封镇	201	Ⅲ
3	朱营闸	大沙河	修武县五里源乡	205	Ⅲ
4	城关闸	大沙河	修武县城关镇	178	Ⅲ

1.5.2.3　堤防

全市河道堤防长度共计 746.76 km,主要河道堤防长 449.0 km,其中黄河堤防长 109.9 km,沁河堤防长 151.8 km,丹河堤防长 32.8 km,蟒河堤防长 86.7 km;大沙河堤防长 67.8 km,其他河道堤防长 297.76 km。

1.5.2.4　南水北调干渠

南水北调总干渠在郑州市荥阳市李村穿越黄河后,从温县赵堡东平滩进入焦作市。途经温县的赵堡、南张羌、北冷、武德四乡(镇),在沁河徐堡桥东穿越沁河;经博爱县的金城、苏家作、阳庙三乡(镇),于博爱县聂村穿过大沙河;经中站区朱村、解放区王褚、山阳区恩村、马村城区及待王、安阳城、演马、九里山,于修武县方庄镇的丁村进入新乡市辉县市。

南水北调中线焦作市境内线路总长 76.67 km。设计流量 245～265 m^3/s,设计水深 7 m。总干渠宽 70～280 m,最大挖深约 32 m(位于马村区境内),最大堤高约 10.25 m(位于山阳区境内)。共布置各类交叉建筑物 91 座,其中河渠交叉建筑物 15 座,左岸排水建筑物 7 座,渠渠交叉建筑物 2 座,节制闸 3 座,退水闸 2 座,分水口门 5 座,公路桥 44 座,铁路桥 13 座,另有生产生活便桥 18 座。每年可向焦作市供水 2.69 亿 m^3。

1.5.2.5　灌区工程

全市万亩以上灌区共计 19 处,设计灌溉面积达 152.24 万亩,有效灌溉面积 84.92 万亩,包括引沁、广利、人民胜利渠、武嘉 4 个大型灌区和 15 个中型灌区。全市大中型灌区基本情况见表 1-7。

1)引沁灌区

引沁灌区灌溉范围涉及济源市、孟州市和洛阳市孟津区等的 15 个乡(镇),设计灌溉面积 40.03 万亩,有效灌溉面积 33.4 万亩,其中焦作境内有效灌溉面积 10.5 万亩引沁灌区总干渠全长 100.6 km,另有 15 条干渠总长 108.6 km。

表 1-7 全市大中型灌区基本情况表 单位:万亩

序号	灌区名称	设计灌溉面积	有效灌溉面积	实灌面积
1	引沁灌区	40.03(16.5)	10.5	10.3
2	广利灌区	31.0(25.4)	18.4	16.9
3	人民胜利渠灌区	148.8(2.7)	2.7	0.4
4	武嘉灌区	36.0(15.7)	10.5	9.1
5	丹东灌区	16.90	15.3	12.3
6	沙河灌区	12.56	8.04	7.9
7	白马泉灌区	10.30	0	0
8	白墙灌区	10.00	7.43	3.3
9	群英灌区	6.00	0.7	0.5
10	丹西灌区	5.30	3.6	3.6
11	马鞍石灌区	5.10	0	0
12	王召灌区	5.00	2.53	2.5
13	马坊灌区	3.85	0	0
14	大玉兰引黄灌区	3.51	0	0
15	白马沟灌区	3.00	0	0
16	焦东灌区	3.00	1.5	1.5
17	幸福闸灌区	3.00	1.0	0
18	焦西灌区	2.40	0.7	0.4
19	亢村引沁灌区	2.02	2.02	2.0
	合计	152.24(市内合计)	84.92	70.7

注:引沁灌区、广利灌区、人民胜利渠灌区、武嘉灌区境内设计灌溉面积为括号内数值,有效灌溉面积和实灌面积为境内数值。

2)广利灌区

广利灌区灌溉范围涉及济源市、沁阳市、温县、武陟县等的 16 个乡(镇),设计灌溉面积 31.0 万亩,有效灌溉面积 23.1 万亩,焦作市境内有效灌溉面积为 18.4 万亩。灌区现有总干渠 1 条,全长 29.1 km;干渠 6 条,长 13.5 km。

3）人民胜利渠灌区

人民胜利渠灌区灌溉范围涉及焦作、新乡两市,主要在新乡境内,流经焦作市武陟县的 2 个乡(镇)。灌区设计灌溉面积 148.8 万亩,有效灌溉面积 65.0 万亩,其中焦作境内有效灌溉面积 2.7 万亩。

4）武嘉灌区

武嘉灌区灌溉范围涉及焦作、新乡两市,其中焦作市市境内流经武陟县、修武县 6 个乡(镇)。灌区设计灌溉面积 36.0 万亩,有效灌溉面积 29.3 万亩,其中焦作境内有效灌溉面积 10.5 万亩。

5）丹东灌区

丹东灌区位于博爱县境内,灌溉范围涉及境内 6 个乡(镇)。灌区设计灌溉面积 16.90 万亩,有效灌溉面积 15.3 万亩。灌区现有总干渠 1 条,长 9.7 km;干渠 3 条,长 35.6 km。

6）丹西灌区

丹西灌区位于沁阳市境内,灌溉范围涉及境内 6 个乡(镇)。灌区设计灌溉面积 5.30 万亩,有效灌溉面积 3.6 万亩。灌区内主要引水工程有丰收渠和友爱河两条干渠,长 30 km,支渠 14 条,总长 32.1 km。

1.5.2.6　其他水利工程

全市已建水电站工程 8 座,总装机容量 1.76 万 kW;机电排灌站 880 处,机电井 44 379 眼,初步形成了拦、蓄、引、提、灌、排等较为完善的水利工程体系。

1.6　水文站网

全市境内现有国家基本水文站 4 处,水文巡测站 14 处,水位站 5 处;基本雨量站 22 处,遥测雨量站 121 处。其中,对焦作市防汛作用较重要市域外的水文站有蟒河济源和沁河五龙口 2 个水文站。焦作市水文站网分布见图 1-4。

1.6.1　水文、水位站网

全市境内现有 4 处基本水文站,加上济源市境内的济源水文站,可控制全市除黄河外的 1 000 km^2 以上河道,14 处水文巡测站和 5 处水位站可控制全市境内主要河道(详见表 1-8)。其中沁河武陟水文站设立前于 1949 年 9 月设立有小董水文站,后于 1969 年 1 月改为现名。

大沙河修武水文站下游设立有合河水文站,设立于 1955 年,共有 2 个断面,分别为承担行洪任务的共产主义渠断面和卫河断面。

1.6.2　雨量站网

全市境内除 23 处水文站、水文巡测站和水位站观测雨量外,现有国家基本雨量站 22 处(含山西省境内 2 处),见表 1-9。全市有遥测雨量站 107 处,其中海河流域 50 处,黄河流域 57 处,见表 1-10。

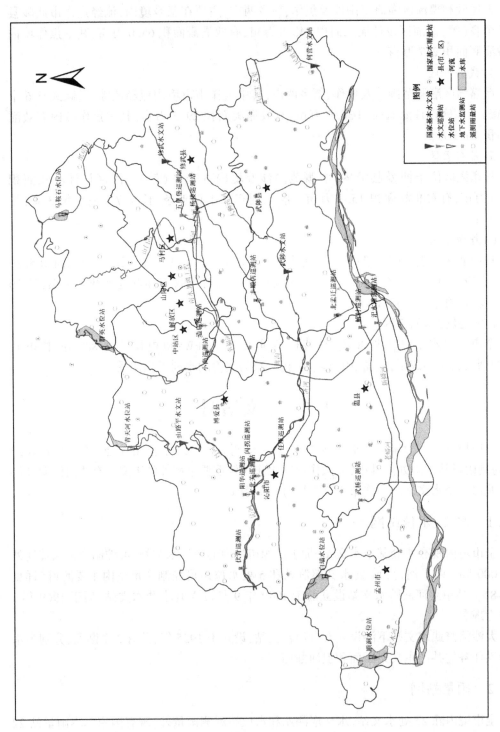

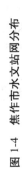

图 1-4　焦作市水文站网分布

表 1-8　焦作市水文水位巡测站及上下游重要水文站一览表

序号	站类	站名	设站年份	河名	地址
1	水文站	修武	1956	大沙河	河南省修武县五里源乡大堤屯村
2		何营	1999	人民胜利渠	河南省武陟县詹店镇何营村
3		武陟	1969	沁河	河南省武陟县大虹桥乡大虹桥村
4		山路平	1951	丹河	河南省沁阳市常平乡四渡村
5		济源	1958	蟒河	河南省济源市亚桥乡亚桥村
6		五龙口	1952	沁河	河南省济源市五龙口镇省庄
7		合河	1955	共产主义渠	河南省新乡县合河乡潘屯村
1	水文巡测站	小尚	2014	大沙河	焦作市中站区朱村街道办小尚村
2		伏背	2014	沁河	沁阳市葛村乡邵庄村
3		闪拐	2014	丹河	博爱县山王庄镇闪拐村
4		汜水滩	2014	蟒河	温县赵堡镇军地滩村
5		五里堡	2014	山门河	修武县周庄乡五里堡村
6		杨楼	2014	新河	焦作新区文昌办事处杨楼村
7		丰顺店	2014	蒋沟	武陟县三阳乡丰顺店村
8		造店	2014	白马门河	焦作市中站区朱村乡造店村
9		阳华	2014	安全河	沁阳市太行办事处秘涧村
10		水北关	2014	逍遥石河	沁阳市太行办事处阳华村
11		解封	2014	老蟒河	温县赵堡镇南平皋村
12		任庄	2014	济河	沁阳市王召乡西申召村
13		北孟迁	2014	济河	武陟县大封乡南孟迁村
14		武桥	2014	猪龙河	孟州市城伯镇武桥村
1	水位站	群英水库	2014	大沙河	修武县西村乡群英水库
2		马鞍石水库	2014	纸坊沟	修武县云台山镇马鞍石水库
3		青天河水库	2014	丹河	博爱县青天河水库
4		白墙水库	2014	蟒河	孟州市谷旦镇白墙水库
5		顺涧水库	2014	汶水河	孟州市西虢镇顺涧水库

表 1-9　焦作市国家基本雨量站网一览表

序号	站名	流域	河名	地址	设站年份
1	南岭	海河	大沙河	山西省晋城市柳树口乡南岭村	1966
2	黄围	海河	大沙河	山西省晋城市柳树口乡黄围村	1967
3	玄坛庙	海河	大沙河	博爱县寨豁乡玄坛庙村	1962
4	博爱	海河	大沙河	博爱县城关镇西关村	1951
5	宁郭	海河	大沙河	武陟县宁郭乡宁郭村	1967
6	焦作	海河	大沙河	焦作市气象局	1951
7	田坪	海河	山门河	修武县西村乡田坪村	1962
8	西村	海河	山门河	修武县西村乡西村	1962
9	孟泉	海河	山门河	修武县西村乡孟泉村	1962
10	金岭坡	海河	纸坊沟	修武县西村乡金岭坡村	1956
11	化工	黄河	黄河	孟州市化工乡化工村	1977
12	柏香	黄河	蟒河	沁阳市柏香镇柏香村	1977
13	冶墙	黄河	蟒河	孟州市赵和乡冶墙村	1983
14	崇义	黄河	蟒河	沁阳市崇义乡崇义村	1977
15	黄庄	黄河	蟒河	温县黄庄乡黄庄村	1977
16	祥云镇	黄河	蟒河	温县祥云乡祥云镇	1977
17	赵堡	黄河	蟒河	温县赵堡镇西马村	1977
18	沁阳	黄河	蟒河	沁阳市城关镇城关	1930
19	大封	黄河	蟒河	温县大封乡大封村	1977
20	北郭	黄河	蟒河	武陟县北郭乡小司马村	1977
21	紫陵	黄河	沁河	沁阳市紫陵乡紫陵村	1977
22	西万	黄河	沁河	沁阳市西万乡西万村	1977

表 1-10　焦作市遥测雨量站网一览表

序号	站名	流域	站址
1	焦作影视城	海河	解放区焦作影视城
2	焦作水利局	海河	山阳区恩村乡焦作水利局
3	山阳水利局	海河	山阳区水利局
4	百间房	海河	山阳区百间房乡百间房村
5	龙洞	海河	中站区龙洞乡龙洞村
6	南敬村	海河	中站区朱村乡南敬村
7	桑园	海河	中站区龙洞乡桑园
8	赵庄	海河	中站区龙洞乡赵庄
9	北朱村	海河	中站区朱村乡北朱村
10	安阳城	海河	马村办事区
11	待王镇	海河	马村区待王镇政府
12	西韩王	海河	马村区安阳城乡西韩王
13	张木光	海河	博爱县寨豁乡张木光村
14	白莲坡	海河	博爱县寨豁乡白莲坡村
15	黄塘	海河	博爱县寨豁乡黄塘村
16	月山水库	海河	博爱县月山镇月山水库
17	王保	海河	博爱县金城乡王保
18	磨头	海河	博爱县磨头镇磨头
19	郭顶	海河	博爱县许良镇郭顶
20	黄岭	海河	博爱县月山镇黄岭
21	大底	海河	博爱县寨豁乡大底
22	南坡	海河	博爱县寨豁乡南坡
23	司窑	海河	博爱县寨豁乡司窑
24	张三街	海河	博爱县寨豁乡张三街
25	寨豁	海河	博爱县寨豁乡寨豁
26	许良	海河	博爱县许良镇许良村

续表 1-10

序号	站名	流域	站址
27	西金城	海河	博爱县金城乡西金城村
28	西王贺	黄河	博爱县孝敬镇西王贺
29	孟县	黄河	孟州市水利局
30	前姚	黄河	孟州市城伯镇前姚
31	横山	黄河	孟州市化工镇横山
32	上汤沟	黄河	孟州市槐树乡上汤沟
33	汤庙	黄河	孟州市槐树乡汤庙
34	石庄	黄河	孟州市石庄乡石庄
35	路家庄	黄河	孟州市西虢镇路家庄
36	店上	黄河	孟州市西虢镇店上村
37	下官	黄河	孟州市南庄镇下官
38	东赵和	黄河	孟州市赵和乡东赵和
39	北那	黄河	孟州市赵和乡北那村
40	小宋庄	黄河	孟州市东小仇镇小宋庄村
41	中化	黄河	孟州市化工镇中化村
42	缑村	黄河	孟州市缑村镇缑村
43	还封	黄河	孟州市赵和乡还封村
44	八一水库	黄河	沁阳市紫陵镇八一水库
45	逍遥水库	黄河	沁阳市西向镇逍遥水库
46	神农山	黄河	沁阳市神农山风景局
47	常平	黄河	沁阳市常平乡常平村
48	杨庄河	黄河	沁阳市三王庄乡后寨村
49	云台村	黄河	沁阳市西向镇云台村
50	杨河	黄河	沁阳市常平乡杨河
51	大张	黄河	沁阳市崇义镇大张
52	保方	黄河	沁阳市葛村乡保方

续表 1-10

序号	站名	流域	站址
53	南龙盘	黄河	沁阳市木楼乡南龙盘
54	道口	黄河	沁阳市西万镇道口
55	东向	黄河	沁阳市西向镇东向
56	宋寨	黄河	沁阳市紫陵镇宋寨
57	王庄	黄河	沁阳市紫陵镇王庄
58	西王曲	黄河	沁阳市王曲乡西王曲村
59	中王占	黄河	沁阳市王占乡中王占村
60	前赵	黄河	沁阳市王占乡前赵村
61	前庄	黄河	沁阳市王召乡前庄村
62	温县	黄河	温县水利局
63	喜合	黄河	温县祥云镇喜合
64	北保丰	黄河	温县武德镇北保丰
65	武德镇	黄河	温县武德镇武德镇村
66	徐堡	黄河	温县徐堡镇徐堡村
67	番田	黄河	温县番田镇番田村
68	岳村	黄河	温县岳村乡岳村
69	招贤	黄河	温县招贤乡西招贤村
70	前杨磊	黄河	温县杨磊镇前杨磊
71	北冷	黄河	温县北冷乡
72	北冶	黄河	温县祥云镇北冶村
73	尚武	黄河	温县城关镇尚武村
74	丰顺店	海河	武陟县宁郭镇丰顺店
75	新李庄	海河	武陟县小董乡新李庄村
76	三阳	海河	武陟县三阳乡三阳村
77	东唐郭	黄河	武陟县大封镇东唐郭
78	童贯	黄河	武陟县阳城乡童贯

续表 1-10

序号	站名	流域	站址
79	邢庄	黄河	武陟县圪垱店乡邢庄
80	西陶	黄河	武陟县西陶镇西陶村
81	东石寺	黄河	武陟县龙源镇东石寺村
82	谢旗营	黄河	武陟县谢旗营镇谢旗营村
83	圪垱店	黄河	武陟县圪垱店乡圪垱店村
84	二铺营	黄河	武陟县嘉应观乡二铺营村
85	小马营	黄河	武陟县詹店镇小马营村
86	西小庄	黄河	武陟县嘉应观乡西小庄村
87	大虹桥	黄河	武陟县大虹桥乡
88	影寺	海河	修武县西村乡影寺村
89	云台山	海河	修武县岸上乡云台山
90	青龙峡	海河	修武县西村乡
91	葡萄峪	海河	修武县西村乡葡萄峪
92	外窑	海河	修武县方庄镇外窑村
93	一斗水	海河	修武县岸上乡一斗水村
94	二十里铺	海河	修武县葛庄乡二十里铺村
95	李万	海河	修武县李万乡李万村
96	王屯	海河	修武县王屯乡王屯村
97	东岭后	海河	修武县岸上乡东岭后村
98	长岭	海河	修武县西村乡长岭村
99	当阳峪	海河	修武县西村乡当阳峪村
100	孤山	海河	修武县西村乡孤山
101	后河	海河	修武县西村乡后河
102	修武水利局	海河	修武县修武水利局
103	沙墙	海河	修武县方庄镇沙墙
104	大高村	海河	修武县高村乡大高村

续表 1-10

序号	站名	流域	站址
105	郇封	海河	修武县郇封镇郇封
106	周庄	海河	修武县周庄乡周庄
107	方庄	海河	修武县方庄镇方庄

第 2 章　雨情及暴雨分析

2.1　雨情概况

焦作市 2021 年平均降水量为 1 286.0 mm,是多年平均降水量 582.3 mm 的 2.21 倍,超过此前历年最大值 964.4 mm(1964 年),位列新中国成立以来有实测记录第 1 位(详见表 2-1)。时间分布上,7 月最大,其次是 9 月,8 月雨量也较大。

全市汛期 6~9 月平均降水量 1 119.6 mm,是多年平均降水量 396.5 mm 的 2.82 倍,超过此前历年最大值 674.2 mm(1956 年),位列新中国成立有以来实测记录第 1 位。全市非汛期平均降水量 166.4 mm,较多年平均非汛期降水量 185.8 mm 偏少 10.4%。

全市 6 月平均降水量 51.5 mm,较多年平均降水量 69.6 mm 偏少 26.0%。

全市 7 月平均降水量 539.6 mm,是多年平均降水量 148.2 mm 的 3.64 倍,超过此前历年最大值 275.2 mm(1977 年),位列新中国成立以来实测记录第 1 位。

全市 8 月平均降水量 250.6 mm,是多年平均降水量 107.9 mm 的 2.32 倍,仅小于 1963 年 8 月的 306.8 mm,位列新中国成立以来实测记录第 2 位。

全市 9 月平均降水量 277.9 mm,是多年平均降水量的 9.51 倍,超过此前历年最大值 235.2 mm(2011 年),位列新中国成立以来实测记录第 1 位。

空间分布上,位于东北部海河流域的修武县和市区全年降水量相对较大,东南部的武陟县降水量相对较小,总体上海河流域大于黄河流域。全年海河流域平均降水量 1 339.7 mm,黄河流域平均降水量 1 234.9 mm。汛期 6~9 月海河流域平均降水量 1 173.1 mm,黄河流域平均降水量 1 070.5 mm。汛期 7 月海河流域平均降水量 620.4 mm,黄河流域平均降水量 473.3 mm。汛期 9 月海河流域平均降水量 287.4 mm,黄河流域平均降水量 265.7 mm。

全市共出现 5 次主要暴雨过程,分别发生于 7 月 11 日、7 月 18~22 日、8 月 30 日、9 月 18 日和 9 月 24 日,以 7 月 18~22 日的暴雨最为典型,特点是持续时间长,量级高,灾情重。

全市各县市、市区及分流域全年各月降水量见表 2-1。2021 年汛期降水量等值线图见图 2-1,6~9 月降水量分布见图 2-2~图 2-5。

2.2　"7·11"暴雨

2021 年 7 月 10 日 17 时至 12 日 7 时,全市平均降水量 82.6 mm,其中最大降水量为修武县东岭后 200.0 mm,降水量超 100 mm 的站点有 27 处,降水量超 50 mm 的站点有 122 处,本次暴雨降水量分布见图 2-6。

丹河青天河水库下游右岸支流白水河也出现特大暴雨,平均雨量 150.7 mm,最大点为山西省晋城市融雪雨量站,达 162.5 mm。

表 2-1 2021 年各行政分区及流域分区平均降水量统计表

单位:mm

行政区/流域	1月	2月	3月	4月	5月	6月	7月	8月	9月	10月	11月	12月	全年	汛期(6~9月)
市区	0.2	42.5	15.6	24.0	37.4	53.0	626.0	194.6	302.3	21.5	9.2	12.8	1 339.1	1 175.9
修武	0.8	44.4	15.2	25.4	28.0	58.3	717.2	190.0	299.6	41.0	12.0	11.9	1 443.8	1 265.1
博爱	2.4	39.2	15.3	26.0	35.8	66.9	537.8	223.1	291.5	30.7	8.5	13.9	1 291.1	1 119.3
武陟	0	42.5	14.5	23.2	30.2	38.8	530.9	255.6	244.9	24.3	7.8	5.3	1 218.0	1 070.2
温县	0.4	39.6	12.7	24.0	42.1	41.8	446.5	334.8	260.4	24.2	7.5	7.0	1 241.0	1 083.5
沁阳	1.6	40.3	13.3	27.1	38.9	59.8	484.1	243.7	270.6	33.5	9.5	6.9	1 229.3	1 058.2
孟州	1.1	39.1	14.1	39.1	36.1	41.9	434.6	312.3	275.8	28.3	7.5	8.8	1 238.7	1 064.6
海河	0.7	42.5	15.2	24.7	32.5	54.2	620.4	211.0	287.4	30.2	9.7	11.1	1 339.6	1 173.0
黄河	0.9	40.2	13.7	29.1	36.9	46.8	473.3	284.7	265.7	28.0	8.1	7.5	1 234.9	1 070.5
全市	0.9	41.1	14.4	27.0	35.5	51.5	539.6	250.6	277.9	29.1	8.9	9.5	1 286.0	1 119.6

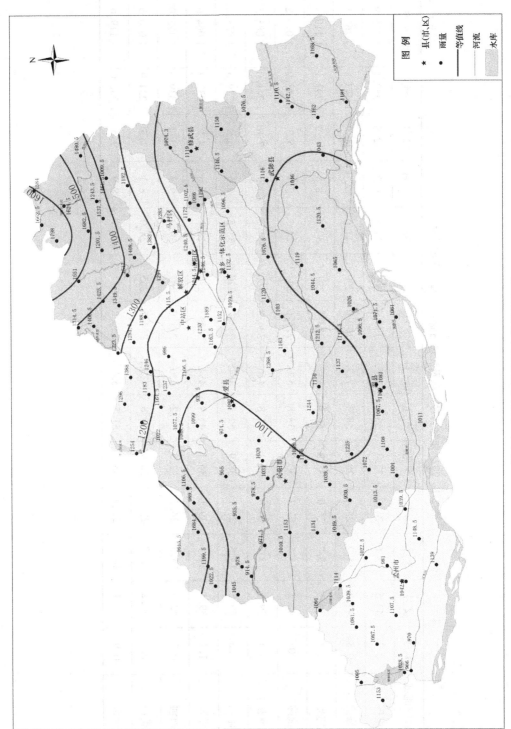

图 2-1　2021 年汛期降水量等值线图

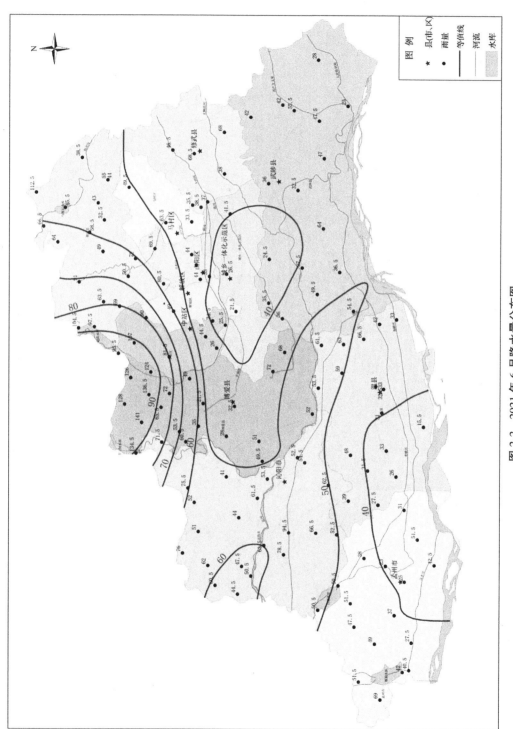

图 2-2　2021 年 6 月降水量分布图

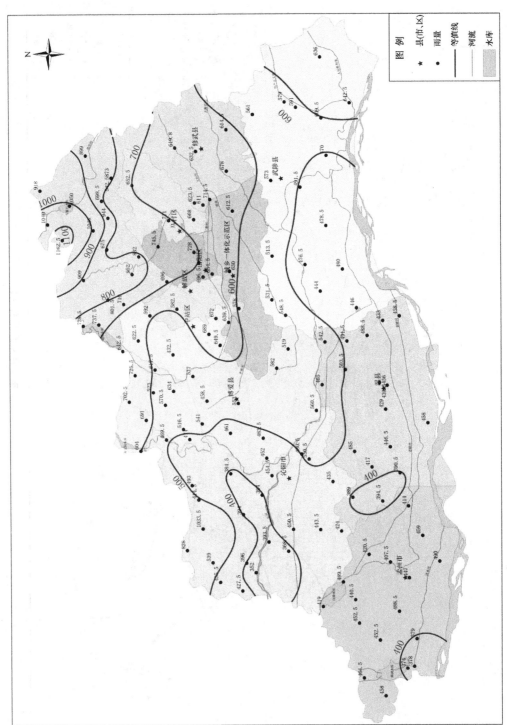

图 2-3　2021 年 7 月降水量分布图

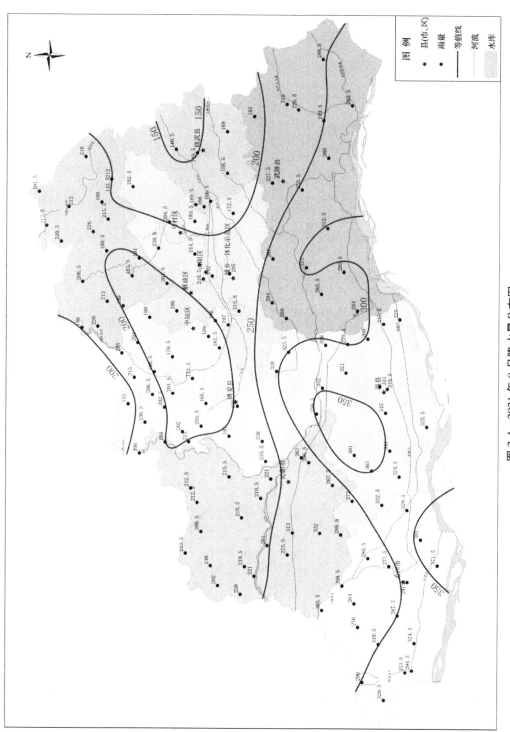

图 2-4　2021 年 8 月降水量分布图

图 2-5　2021 年 9 月降水量分布图

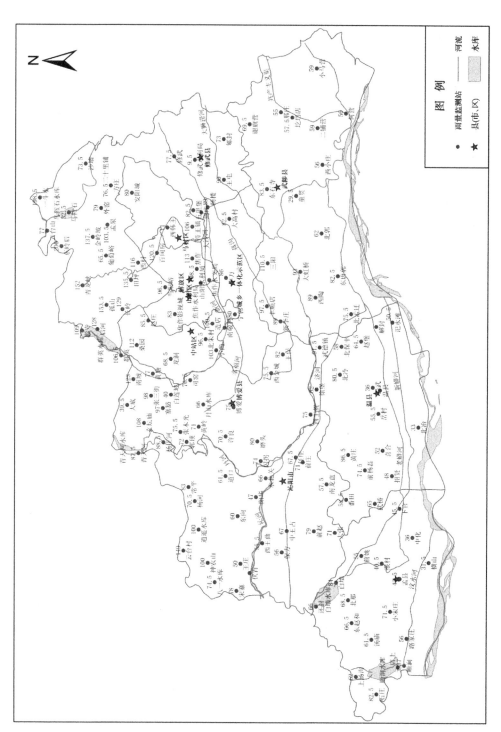

图 2-6　焦作市"7·11"暴雨分布图

2.2.1　降雨过程

7月10~12日,受强对流天气影响,焦作市发生了第一次大范围强降雨过程。7月10日17时,孟州市西部开始降雨,18时沁阳市北部山区出现阵雨,19时孟州市和沁阳市降雨停止。11日1时,孟州市西部开始降雨,2时孟州市西部和沁阳市西北部开始降雨,4时降雨还主要集中在孟州市和沁阳市,5时扩展到博爱县和温县,6时全市普遍降雨。至15时,北部山区降雨逐渐减小,12日7时全市降雨基本停止。主要降雨集中在7月11日4~16时,详见图2-7。

白水河范围内降雨从10日18时开始,19~20时雨强稍大,20时降雨停止。11日2时又开始降雨,至15时降雨停止,强降雨时段分别为7~9时和11~13时,雨量分别为32.6 mm和81.0 mm,详见表2-2。

丹河青天河水库上游降雨从11日4时开始,8~14时雨强稍大,雨量为78.2 mm,16时降雨基本停止,过程平均降水量89.6 mm。丹河青天河以下降雨从11时4时开始,4~11时雨强稍小,雨量为24.8 mm;11~15时雨强较大,雨量为51.8 mm,过程平均降水量76.7 mm,详见表2-3和表2-4。

表 2-2　白水河各雨量站时段降水量统计表　　　　　单位:mm

日期(月)	时段(时)	河西	晋城	书院	钟家庄	晋城融雪站	平均
10	18~19	1.6	0	0	0	0	0.3
10	19~20	0.2	8.0	8.2	15.0	5.7	7.4
11	2~3	0.2	0	0	0	0.1	0.1
11	3~4	0	0.2	0.4	0.4	0.4	0.3
11	4~5	0.2	0.8	0.8	0.4	0.8	0.6
11	5~6	2.2	2.2	2.2	1.8	2.4	2.2
11	6~7	3.8	1.8	2.6	2.0	3.0	2.6
11	7~8	13.2	31.4	30.8	25.2	10.5	22.2
11	8~9	9.2	5.4	8.4	7.4	21.6	10.4
11	9~10	3.0	8.4	9.8	5.4	16.9	8.7
11	10~11	5.2	15.0	8.0	6.4	12.3	9.4
11	11~12	19.4	28	42.8	24.6	53.4	33.6
11	12~13	73.2	40.6	37.6	54.6	30.8	47.4
11	13~14	0	1.8	3.4	15.8	3.8	5.0
11	14~15	0	0.6	0.4	0.8	0.8	0.5
合计		131.4	144.2	155.4	159.8	162.5	150.7

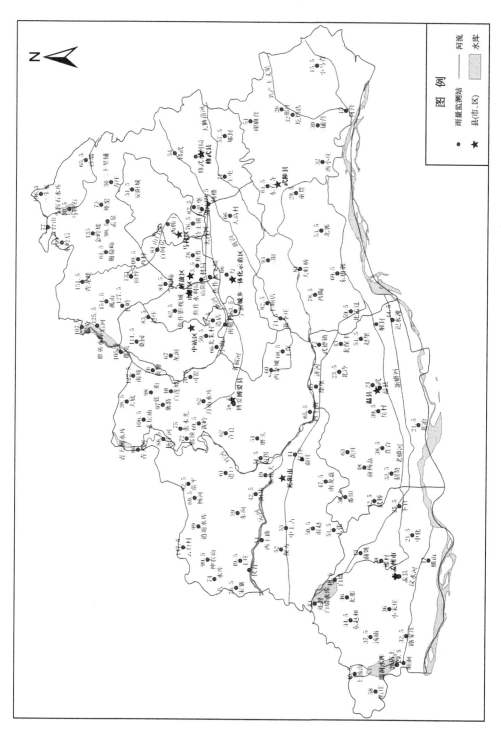

图 2-7　焦作市"7 · 11"暴雨主要降雨时段雨量分布图

表 2-3　丹河青天河水库上游代表站时段降水量统计表　　　　单位：mm

日期(日)	时段(时)	高平	马村	陵川	任庄	丈河	平均
11	4~5	0.2	0.6	0.2	1.2	0.2	0.5
11	5~6	1.8	1.6	0.8	1.6	0.2	1.2
11	6~7	1.2	2.2	1.2	2.2	1.0	1.6
11	7~8	5.4	5.6	1.6	2.4	1.0	3.2
11	8~9	12.0	15.8	5.8	20.2	11.4	13.0
11	9~10	5.8	9.0	12.6	3.2	3.8	6.9
11	10~11	7.6	23.2	21.2	1.6	16.8	14.1
11	11~12	9.4	14.2	13.8	15.2	10.4	12.6
11	12~13	11.6	10.4	14	20.2	11.4	13.5
11	13~14	1.4	5.6	32.4	16.0	35.2	18.1
11	14~15	0.2	0	11.4	1.8	8.8	4.4
11	15~16	0	0	2.2	0	0.4	0.5
合计		56.6	88.2	117.2	85.6	100.6	89.6

表 2-4　丹河青天河水库下游代表站时段降水量统计表　　　　单位：mm

日期(日)	时段(时)	郭顶	许良	青天河	张木光	杨庄河	平均
11	4~5	0.5	0.5	0.5	0.5	0	0.4
11	5~6	4.0	3.5	3.0	3.5	3.0	3.4
11	6~7	4.0	3.5	3.5	4.0	3.5	3.7
11	7~8	8.5	5.0	10.0	10.0	11.0	8.9
11	8~9	5.5	4.0	6.0	5.5	7.0	5.6
11	9~10	3.0	2.0	2.0	3.0	3.0	2.6
11	10~11	0	0	0.5	0.5	0	0.2
11	11~12	4.5	4.0	9.5	4.5	6.5	5.8
11	12~13	5.5	3.5	7.5	6.5	10.0	6.6
11	13~14	29.5	28.5	30.0	28.5	35.0	30.3
11	14~15	7.0	7.5	13.0	8.5	9.5	9.1
11	15~16	0	0	0.5	0	0	0.1
合计		72.0	62.0	86.0	75.0	88.5	76.7

　　大沙河降雨时程分布与白水河上游的时程分布相类似,共有 2 个雨峰,暴雨中心东岭后站的时程即为典型代表,见图 2-8。

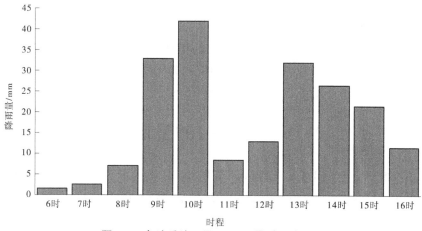

图 2-8　东岭后站 7 月 11 日雨量时程分配图

2.2.2　降雨空间分布

本次降雨暴雨中心位于修武县西北部、市区中部及博爱县东北部部分山区,雨量大多超过 100 mm,其中东岭后站 200.0 mm,一斗水站 198.5 mm,孤山站 153.5 mm。黄河沿岸的孟州市、温县、武陟县等南部平原区降雨较小。

各县(市、区)中修武县和市区降雨较大,孟州市和温县降雨较小,详见表 2-5。海河流域太行山山丘区的大沙河上游、山门河、新河、纸坊沟及黄河流域沁河支流逍遥石河、安全河降水量较大,详见表 2-6。

表 2-5　各县(市)降水量统计表　　　　　　　　　单位:mm

行政区	市区	修武	博爱	武陟	温县	沁阳	孟州	全市
平均	93.8	100.8	79.7	72.8	57.5	73.0	56.5	76.3
最大	120.5	200.0	108.0	110.5	91.5	149.0	84.0	200.0
站名	百间房	东岭后	玄坛庙	三阳	武德镇	云台村	白墙	东岭后

表 2-6　主要山洪河道过程降水量统计表　　　　　　　单位:mm

河名	大沙河	新河	山门河	蒋沟河	幸福河	纸坊沟	安全河	逍遥石河
10 日	10.8	10.4	8.0	13.7	12.6	7.9	15.1	18.3
11 日	94.9	85.4	97.2	72.9	66.4	109.6	61.3	75.8
12 日	0.1	0.1	0.2	0	0	0	0	0
合计	105.8	95.9	105.4	86.6	79.0	117.5	76.4	94.1
最大	153.5	113.0	152.0	110.5	103.0	200.5	100.0	149.0
站名	孤山	焦作	青龙峡	三阳	小尚	东岭后	神农山	云台村

位于焦作市上游的晋城市也出现大暴雨或特大暴雨,青天河支流白水河平均降水量达 150.7 mm,超过焦作市境内主要河道平均降水量。

2.2.3 暴雨特点

本场暴雨的特点是旱涝急转,7 月 11 日之前相对干旱,北部太行山区降雨量偏大,短历时暴雨强度较大,本场降雨部分站点短历时降雨为年度最大值,如一斗水站最大 6 h 降水量达 152.0 mm,多个站最大 6 h 降水量超 100 mm。

2.3 "7·20"暴雨

7 月 13~25 日,全市出现了连续降雨过程,20 日雨量最大,全市平均降水量 162.7 mm,过程累计平均降水量 455.1 mm,其中修武县平均降水量 654.3 mm,超过多年平均降水量。全市累计降水量最大为东岭后站的 957.0 mm,次大为金岭坡站 906.5 mm,降水量超 700 mm 的站点有 9 处,降水量在 500 mm 以上的站点有 29 处。

2.3.1 降雨过程

全市降雨从 7 月 14 日 16 时开始,至 24 日 12 时结束,最大日雨量出现在 20 日,全市平均日降水量达 162.7 mm,过程累计平均降水量 455.1 mm,各县(市)过程降水量见表 2-7。降雨主要集中在 7 月 18~22 日,五日累计平均降水量 426.2 mm,占过程降水量的 93.6%。

表 2-7　各县(市)过程降水量统计表　　　　　　　单位:mm

县(市、区)	市区	修武	温县	博爱	沁阳	孟州	武陟	全市
13 日	0	0	0	0	0	0.1	0	0
14 日	5.6	4.5	3.4	2.8	1.4	4.7	11.4	4.8
15 日	4.6	7.3	0.3	0.8	0	0.1	3.8	2.4
16 日	4.9	0.3	8.9	4.3	3.6	4.9	5.1	4.6
17 日	11.7	12.4	16.3	23.0	14.5	6.6	16.3	14.4
18 日	91.5	113.1	22.0	54.5	32.5	36.3	25.5	53.6
19 日	59.3	65.6	108.5	47.1	71.6	111.3	83.3	78.1
20 日	177.0	189.0	169.7	131.1	122.5	130.1	219.6	162.7
21 日	164.3	188.1	29.2	113.6	87.5	24.4	61.6	95.5
22 日	30.1	70.5	16.4	54.4	51.8	13.6	17.1	36.3
23 日	3.5	3.5	0.8	1.4	1.3	6.2	0.9	2.5
24 日	0	0	0	0	0	1.2	0	0.2
合计	552.5	654.3	375.7	433.0	386.7	339.5	444.6	455.1
最大	620.5	957.0	443.5	590.0	625.0	417.5	570.0	957.0
站点	百间房	东岭后	武德镇	南坡	云台村	横山	何营	东岭后

全市 2 h 降雨过程见图 2-9,由图 2-9 可以看出,全市共出现 4 次雨峰,降雨雨强较大时段起止时间为 7 月 18 日 22 时至 22 日 14 时。

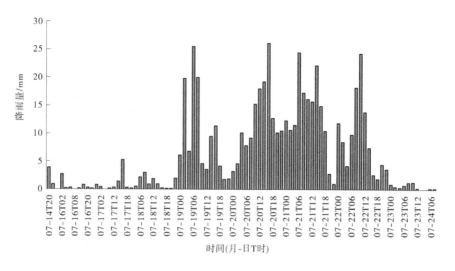

图 2-9　全市 2 h 降雨过程

　　分别选取海河流域内修武县东岭后站和黄河流域内沁阳市云台村站,分析其 2 h 降雨过程,见表 2-8、图 2-10 和图 2-11。由图 2-10 可看出,东岭后站主要有 3 个雨峰,7 月

表 2-8　主要山洪河道过程降水量统计表　　　　　　　　　　单位:mm

河名	大沙河	新河	山门河	蒋沟河	幸福河	纸坊沟	安全河	逍遥石河
14 日	0.1	3.4	0.3	11.8	12.2	0.9	0.3	0.2
15 日	1.3	5.7	9.4	2.6	1.8	10.0	0	0
16 日	2.5	3.9	0.1	10.1	7.1	0.7	0	0.3
17 日	19.3	13.6	14.1	25.5	24.4	8.7	7.0	13.0
18 日	111.3	100.8	139.2	20.8	38.9	131	27.0	62.5
19 日	47.6	56.9	63.3	72.3	56.3	68.7	68.8	86.8
20 日	130.6	174.6	184.5	164.7	150.4	212.7	112.3	164.5
21 日	135.2	158.3	219.6	106.5	144.6	242.9	60.3	150.9
22 日	88.3	27.1	145.3	28.8	23.9	153.8	63.8	80.5
23 日	2.0	1.8	6.9	1.1	0.8	1.4	1.6	2.3
合计	538.2	546.1	782.7	444.2	460.4	830.8	341.1	561.0
最大	590.0	613.0	906.5	525.5	528.5	957.0	404.5	625.0
站名	南坡	焦作	金岭坡	大高村	小尚	东岭后	神农山	云台村

20~21 日的降水量最大,7 月 22 日的雨强相对较大,7 月 18~19 日的总量及强度相对较小。由图 2-11 可看出,云台村站也是 3 个雨峰,降雨主要集中在 7 月 20~21 日;7 月 18~19 日的雨强较大,但总量小于前者;7 月 22 日的降雨过程强度和总量均相对较小。

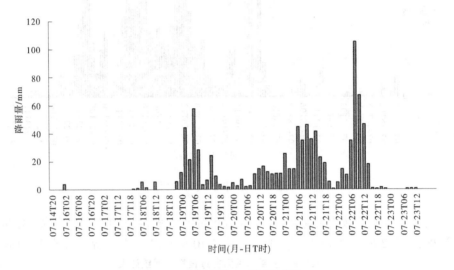

图 2-10　东岭后站 2 h 降雨过程

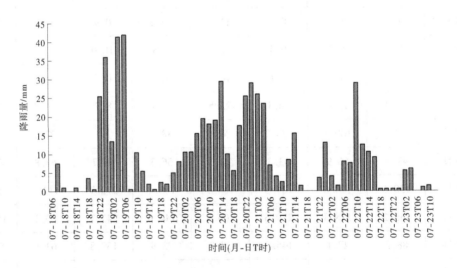

图 2-11　云台村站 2 h 降雨过程

2.3.2　降雨空间分布

14 日 8 时至 24 日 8 时,全市雨量超过 600 mm 的站点主要分布在修武县北部山区、市区大部、沁阳市北部山区(见图 2-12),最大为东岭后站的 957.0 mm,次大为云台村站 625.0 mm。各山区河道中纸坊沟站、山门河站降水量较大,其中纸坊沟站平均降水量达 957.0 mm。

7 月 14 日,全市除太行山区外,普降小雨,个别站点出现中到大雨,最大点雨量为宁郭站的 49.0 mm。15 日,东部的修武县、市区、武陟县出现小雨,修武县部分站点出现中雨,温县北部和博爱县东部也有降雨,但雨量均较小,全市最大点雨量为修武县水利局的 19.0 mm。16 日,全市大部分降小雨,温县东部雨量稍大,修武县雨量较小,最大点为市区造店站的 25.0 mm。17 日,全市普降小到中雨,博爱县北部、温县武陟县交界处,修武县西北部与市区交界处、孟州市西部等局部出现大雨,最大点为博爱县许良站的 49.0 mm。18 日,修武县及市区大部、博爱县北部山区、沁阳市北部太行山区降暴雨,其中修武县、市区、博爱县三县(市、区)北部出现大暴雨,其余地区为中到大雨,最大点为修武县孤山站的 176.0 mm。19 日,全市普降暴雨,其中沿黄一带的孟州市、温县大部和武陟县东部出现大暴雨,最大点为孟州市横山站的 174.0 mm。20 日,全市普降大暴雨,其中武陟县东南部出现特大暴雨,最大点为武陟县何营水文站的 377.0 mm。21 日,全市大部出现暴雨,仅沿黄的孟州市、温县及武陟县西部为中雨,修武县东北部和沁阳市北部山区为大暴雨,局部为特大暴雨,最大点为修武县东岭后站的 342.0 mm。22 日,全市大部为小到中雨,修武县北部太行山区出现大暴雨,最大点为沙墙的 168.5 mm。23 日,全市大部为小雨,仅个别站点为中雨,最大点为孟州西部店上站的 21.0 mm。25 日,降雨基本停止,仅个别站点出现小雨。

2.3.3　暴雨特点

本次降雨特点如下:

一是总量多。17 日 8 时至 23 日 8 时,全市平均降水量 440.6 mm,超 700 mm 的站点有 9 处,500 mm 以上的站点有 29 处,最大站点修武县东岭后站 14~23 日累计降水量达 957.0 mm。

二是历时长。本次强降雨从 7 月 17 日 8 时开始至 23 日 8 时结束,历时 144 h。若考虑此时段前后的局部降雨,历时更长,达 10 d。

三是雨强大。本次降雨最大 1 h 降水量为武陟县何营水文站的 75.0 mm,发生在 20 日;最大 3 h 降水量为修武县沙墙雨量站的 168.0 mm,发生在 22 日;最大 6 h 降水量为修武县沙墙雨量站的 233.0 mm,发生在 22 日;最大 12 h 降水量为修武县沙墙雨量站的 284.0 mm,发生在 22 日;最大 24 h 降水量为武陟县何营水文站的 377.0 mm,发生在 20 日;最大 3 d 降水量为修武县东岭后雨量站的 701.0 mm,发生在 20~22 日;最大 7 d 降水量为修武县东岭后雨量站的 943.0 mm,发生在 17~23 日。

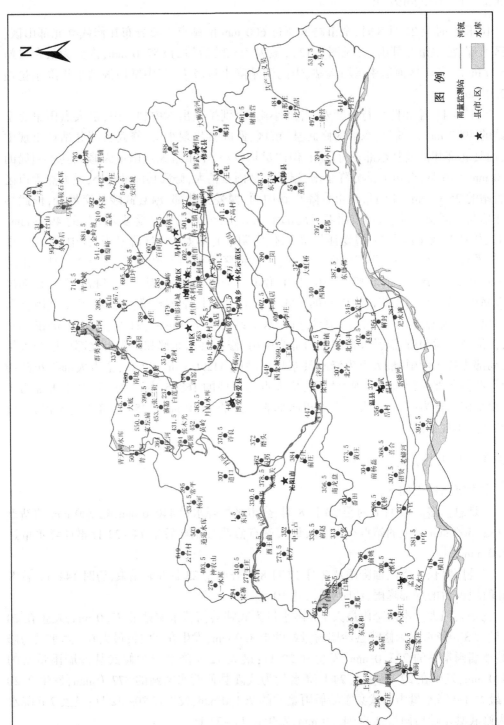

图 2-12 焦作市 "7·20" 暴雨雨量分布图

2.3.4　暴雨成因

7 月 17~21 日由于西太平洋副热带高压和大陆高压分别稳定维持在日本海和我国西北地区,阻挡了上游系统移动,因此西风带低值系统在华北地区、黄淮地区长时间维持。同时,受深厚的东风急流及稳定的低涡切变影响,配合河南省太行山区、伏牛山区特殊地形对偏东气流的强辐合抬升效应,强降水中心主要分布在河南省西部、西北部沿山地区稳定少动,造成了涵盖全市及河南省中北部的长时间强降水。

一是大气环流形势稳定。高层南亚高压和沿海深厚低涡共存,中层西太平洋副热带高压与大陆高压分别稳定维持在日本海和我国西北地区,地面冷暖空气交汇,导致对流层中低层的低涡、切变线在黄淮地区停滞少动,为极端暴雨形成提供了较为稳定的背景条件,造成河南中西部长时间出现降水天气。低层强盛的东南、东风急流及地面辐合线、中尺度锋及近地层扩散南下冷空气等为强降水提供了动力触发作用。

二是水汽条件充沛。7 月中旬河南处于副热带高压边缘,对流不稳定,能量充足,7 月 18 日 2 时,西太平洋有热带风暴"烟花"生成并向我国靠近,19 日早晨,"烟花"升格为强热带风暴,20 日台风"烟花"加强为台风级,21 日"烟花"升格为强台风,23 日夜间由强台风减弱为台风,25 日 12:30 前后,"烟花"在浙江省普陀沿海登陆。西太平洋副热带高压西进过程中,其南侧的东南气流、西行台风"烟花"北侧的东南气流和黄淮东风切变线东侧的东南气流叠加,形成连贯的水汽通道,有利于大量水汽输送到内陆地区,为河南强降雨提供了充沛的水汽来源,降水效率高。

三是地形效应显著。台风"烟花"的外围气流和副热带高压引导了大量西太平洋的水汽不断从海上输送到华北地区。受深厚的偏东风急流及低涡切变天气系统影响,这些水汽在河南省遭遇了西北部的太行山山脉和西部的伏牛山山脉之后在山前出现了辐合抬升导致这些水汽最终转化成降雨,而且地形地势导致降雨更为集中,雨势更强,强降水区在河南省西部、西北部沿山地区稳定少动,地形迎风坡前降水增幅明显。

2.4　"8·30"暴雨

8 月 28 日 13 时至 9 月 1 日 16 时,全市平均降水量 157.7 mm,其中最大降水量为孟州市横山站的 200.5 mm,西部的孟州市、沁阳市、温县雨量较大,本次暴雨降水量分布见图 2-13。

2.4.1　降雨过程

降雨从 8 月 28 日 13 时开始,至 9 月 1 日 16 时结束,全市 2 h 降雨过程见图 2-14,由图 2-14 可以看出,共出现 5 次间歇性降雨,8 月 29 日 8~20 时,降水总量和雨强均较大,累计雨量为 44.8 mm。

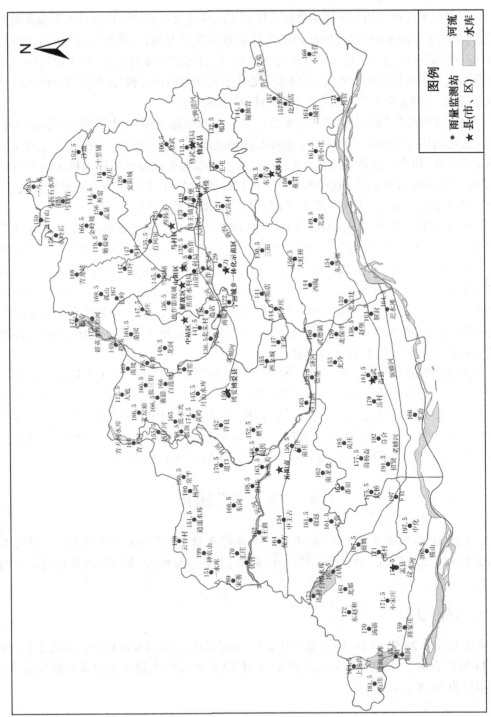

图 2-13　焦作市"8·30"暴雨雨量分布图

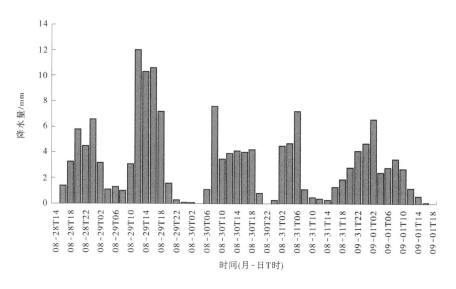

图 2-14　全市 2 h 降雨过程

2.4.2　降雨空间分布

根据图 2-13 和表 2-9 可知,本次降雨西部及西南部的沁阳市、孟州市、温县雨量较大,西部孟州市平均雨量 173.7 mm,最大点为孟州市横山站,降水量为 200.5 mm。由表 2-10 可知,各山区河道中沁阳市的逍遥石河、安全河雨量较大,逍遥石河平均降水量达182.6 mm。

表 2-9　各县市过程降水量统计表　　　　　　　　　　单位:mm

县(市、区)	市区	修武	温县	博爱	沁阳	孟州	武陟	全市
28 日	28.6	26.1	31.6	22.0	26.9	29.1	29.3	27.7
29 日	38.1	35.6	74.0	38.5	51.2	71.5	69.1	54
30 日	37.6	50.7	27.9	58.5	51.1	27.4	22.7	39.4
31 日	29.9	27.3	30.6	36.5	36.4	37.2	24.6	31.8
1 日	3.0	3.4	7.1	4.5	4.6	8.5	3.4	4.9
合计	137.2	143.1	171.2	160.0	170.2	173.7	149.1	157.8
最大	164.5	175.5	192.0	186.5	199.0	200.5	171.0	200.5
站点	桑园	东岭后	喜合	玄坛庙	神农山	横山	何营	横山

表 2-10　主要山洪河道过程降水量统计　　　　　　　　单位:mm

河名	大沙河	新河	山门河	蒋沟河	幸福河	纸坊沟	安全河	逍遥石河
28 日	25.4	28.4	26.8	26.6	27.1	27.8	28.4	28.6
29 日	36.6	38.2	31.1	61.6	43.8	29.9	43.1	45.2
30 日	58.0	42.0	56.3	24.3	36.8	68.8	66.9	65.1
31 日	37.9	31.9	29.7	25.9	35.0	29.9	38.1	38.3
1 日	4.0	3.3	3.8	3.1	2.6	3.0	5.1	5.4
合计	161.9	143.8	147.7	141.5	145.3	159.4	181.6	182.6
最大	186.5	164.5	168.0	155.0	174.5	178.5	199.0	198.0
站点	玄坛庙	桑园	青龙峡	西金城	黄岭	东岭后	神农山	云台村

2.4.3　暴雨特点

本次降雨的特点是,降雨时段不集中,雨强相对较小,且时断时续,共出现 5 次降雨过程。

2.5　"9·18"暴雨

9 月 16 日 14 时至 19 日 20 时,全市平均降水量 115.4 mm,其中,最大降水量为沁阳市云台村站的 160.5 mm,东北部的市区和修武县雨量较大,本次暴雨雨量分布见图 2-15。

2.5.1　降雨过程

降雨从 9 月 16 日 14 时开始,至 9 月 19 日 20 时结束,主要降雨集中在 9 月 18 日 14 时至 19 日 14 时,24 h 平均降水量为 92.7 mm,占过程总雨量 115.4 mm 的 80.3%。全市 2 h 降雨过程见图 2-16。分别选取海河流域的长岭站和黄河流域的云台村站,其 2 h 降雨过程见图 2-17,由图 2-17 可以看出其降雨时程分布与全市降雨时程基本一致。

2.5.2　降雨空间分布

根据图 2-15 和表 2-11 可知,本次降雨东北部的市区及修武县雨量较大,市区平均雨量 129.45 mm;最大点为沁阳市云台村站,降水量为 161.0 mm。由表 2-12 可知,各山区河道中海河流域内修武县的纸坊沟和山门河雨量较大,纸坊沟平均降水量为 141.6 mm。

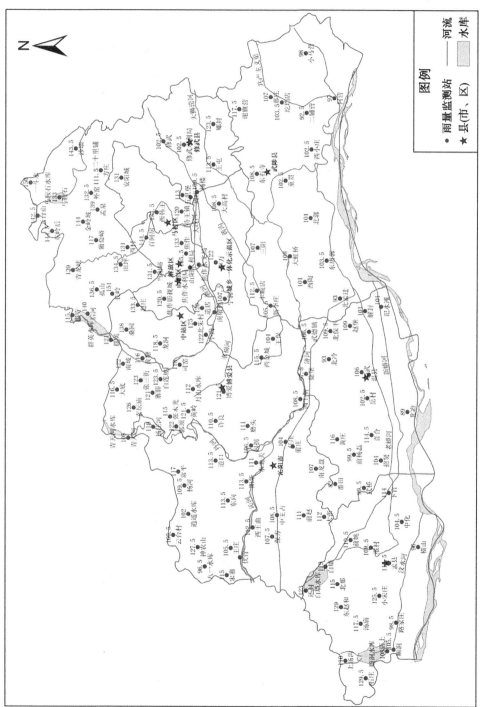

图 2-15　焦作市"9·18"暴雨雨量分布图

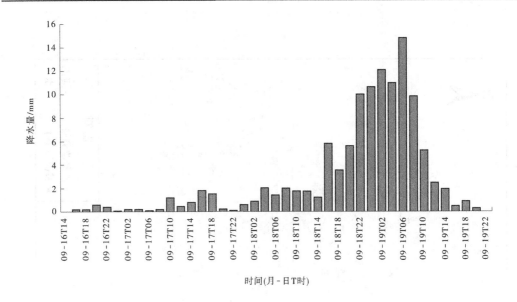

图 2-16　全市 2 h 降雨过程

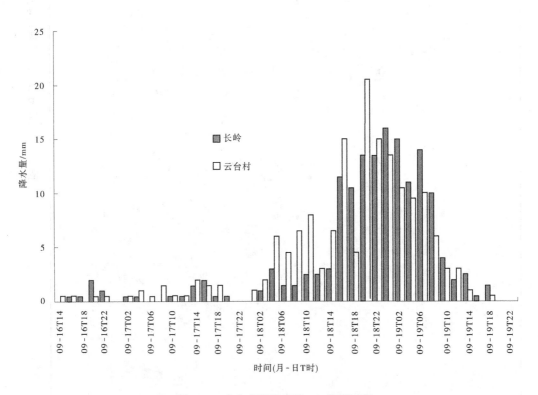

图 2-17　全市典型代表站 2 h 降雨过程

表 2-11　各县市过程降水量统计表　　　　　　　　　单位:mm

县(市、区)	市区	修武	温县	博爱	沁阳	孟州	武陟	全市
16 日	2.5	3.4	1.2	2.5	2.4	2.3	1.0	2.2
17 日	9.4	8.5	14.5	12.6	17.3	23.2	8.6	13.4
18 日	104.5	102.8	73.2	92.5	87.5	79.3	78.9	88.4
19 日	13.1	13.6	13.6	8.6	7.6	7.9	15.6	11.4
合计	129.5	128.3	102.5	116.2	114.8	112.7	104.1	115.4
最大	144.5	151.0	116.5	126.5	161.0	129.5	119.5	161.0
站点	百间房	长岭	黄庄	玄坛庙	云台村	石庄	谢旗营	云台村

表 2-12　主要山洪河道过程降水量统计表　　　　　　　　单位:mm

河名	大沙河	新河	山门河	蒋沟河	幸福河	纸坊沟	安全河	逍遥石河
16 日	3.9	2.7	3.8	1.3	2.2	5.1	3.3	3.8
17 日	11.9	9.9	9.3	9.9	11.5	7.8	19.0	19.3
18 日	101.7	103.3	112.6	85.9	93.0	116.5	86.4	98.1
19 日	9.3	11.9	12.3	13.8	10.2	12.2	6.5	8.9
合计	126.8	127.8	138.0	110.9	116.9	141.6	115.2	130.1
最大	151.0	138.0	144.5	121.5	122.0	150.5	127.5	161.0
站点	长岭	桑园	百间房	博爱	小尚	一斗水	神农山	云台村

2.5.3　暴雨特点

本次降雨的特点是,全市降雨基本均匀,降雨时段相对集中,雨强相对较小。

2.6　"9·24"暴雨

9 月 23 日 0 时至 28 日 18 时,全市平均降水量 132.7 mm,其中,最大降水量为沁阳市云台村站的 223.0 mm,西北部的沁阳市和博爱县雨量较大,本次暴雨雨量分布见图 2-18。

2.6.1　降雨过程

降雨从 9 月 23 日 0 时开始,至 9 月 28 日 18 时结束,全市 2 h 降雨过程见图 2-19,由图 2-19 可以看出,共出现 3 次降雨过程。以 9 月 24 日 12 时至 25 日 8 时雨量较大,时段降水量为 73.0 mm,占过程总雨量 132.7 mm 的 55.0%。其次为 9 月 27 日 22 时至 28 日 16 时,时段降水量为 41.4 mm,占过程总雨量 132.7 mm 的 31.2%。选取云台村和长岭作为典型站,其 2 h 降雨过程见图 2-20。

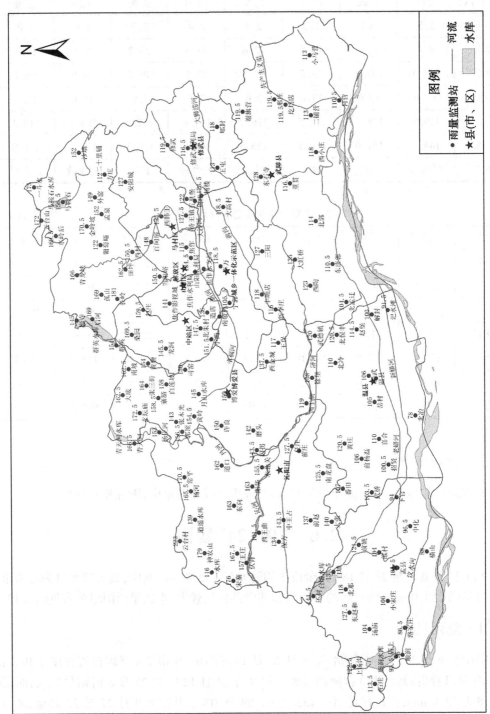

图 2-18　焦作市"9·24"暴雨雨量分布图

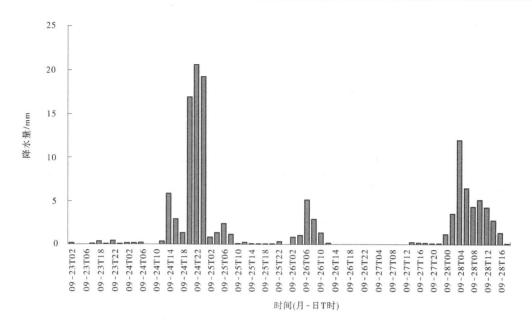

图 2-19　全市 2 h 降雨过程

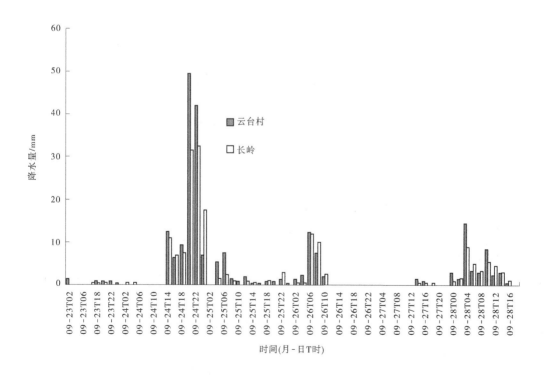

图 2-20　全市典型代表站 2 h 降雨过程

2.6.2　降雨空间分布

根据图 2-18 和表 2-13 可知,本次降雨西北部的沁阳市和博爱县雨量较大,沁阳市平均雨量 161.7 mm,最大点为沁阳市云台村站,降水量为 223.0 mm。由表 2-14 可知,各山区河道中黄河流域内沁阳市的逍遥石河和安全河雨量较大,逍遥石河平均降水量为 186.3 mm。

表 2-13　各县(市、区)过程降水量统计表　　　　　　单位:mm

县(市、区)	市区	修武	温县	博爱	沁阳	孟州	武陟	全市
23 日	2.2	2.4	0.7	1.6	1.9	2.6	1.0	1.8
24 日	83.2	86.8	51.2	88.4	97.9	47.7	65.7	74.4
25 日	10.5	18.2	4.8	17.6	16.3	6.0	3.5	11
26 日	1.9	2.1	0.8	2.0	2.4	1.1	1.2	1.6
27 日	28.1	21.6	33.3	26.4	29.6	36.4	32.4	29.7
28 日	13.8	12.5	16.4	14.9	13.6	15.1	13.1	14.2
29 日	0	0.1	0.1	0	0	0	0.1	0
合计	139.	143.7	107.3	150.9	161.7	108.9	117.0	132.7
最大	169.5	181.0	122.5	173.0	223.0	144.0	135.0	223.0
站点	桑园	长岭	黄庄	玄坛庙	云台村	还封	大虹桥	云台村

表 2-14　主要山洪河道过程降水量统计表　　　　　　单位:mm

河名	大沙河	新河	山门河	蒋沟河	幸福河	纸坊沟	安全河	逍遥石河
22 日	1.5	0.1	0.3	0	0	1.6	0.6	1.0
23 日	2.6	1.9	2.9	1.5	1.6	4.1	2.1	2.4
24 日	89.6	84.1	92.5	74.6	83.1	96.3	105.8	115.3
25 日	29.4	13.4	19.0	6.7	10.9	26.0	20.1	21.3
26 日	2.3	1.9	2.6	1.6	2.0	2.6	2.9	3.6
27 日	22.9	28.3	21.3	29.2	29.7	16.3	27.9	28.7
28 日	14.2	14.0	13.1	14.9	14.1	12.7	13.1	14.0
29 日	0.1	0	0.1	0	0	0.1	0	0
合计	162.6	143.7	151.8	128.5	141.4	159.7	172.5	186.3
最大	181.0	169.5	171.0	150.5	154.5	175.5	179.0	223.0
站点	长岭	桑园	金岭坡	博爱	黄岭	一斗水	神农山	云台村

2.6.3　暴雨特点

本次降雨的特点是,降雨相对均匀,共出现 3 次明显的降雨过程。全市最大日雨量发生在 9 月 24 日,为沁阳市逍遥石河上游的云台村 141.5 mm。

2.7　雨量精度分析

焦作市境内基本水文站(修武、何营)汛期采用分辨力 0.1 mm 的虹吸式自记雨量计,其他基本雨量站采用分辨力 0.2 mm 的雨雪量计,全部遥测雨量站均采用分辨力 0.5 mm 的翻斗式遥测雨量计。为分析遥测雨量站的准确性,分别采用同站雨量进行日降水量对比分析,以分析其差异。同时对部分站同时段降水量过程进行比较,分析其降雨过程的同步性,判断其准确度。根据分析结果,两种仪器相对偏差较小,降雨过程也基本一致,因此降水量精度可以满足要求。

2.7.1　日雨量对比分析

根据雨量大小,以虹吸式自记雨量计或雨雪量计为基准,对日雨量大于或等于 100 mm 的大暴雨和特大暴雨进行对比分析,由对比结果可知,大暴雨和特大暴雨的平均相对偏差为 2.8%,即遥测雨量计所测雨量略偏大,单站日雨量最大绝对偏差为 15.3 mm(博爱雨量站),最大相对偏差为偏大 11.2%,详见表 2-15。暴雨(日雨量 50.0～100.0 mm)时的平均相对偏差为 3.9%,遥测雨量计所测雨量也略偏大,且相对偏差大于大暴雨和特大暴雨时的偏差,单站日雨量最大绝对偏差为 -14.8 mm,最大相对偏差为偏小 19.0%,详见表 2-16。

表 2-15　日雨量大于或等于 100 mm 时两种仪器对比分析表

序号	站名	日期	自记日雨量/mm	遥测日雨量/mm	绝对偏差/mm	相对偏差/%
1	修武	7 月 20 日	196.1	196.5	0.4	0.2
2	修武	7 月 21 日	163.1	159.0	-4.1	-2.5
3	何营	7 月 20 日	369.6	377.0	7.4	2.0
4	焦作	7 月 18 日	100.0	102.5	2.5	2.5
5	焦作	7 月 20 日	192.2	206.0	13.8	7.2
6	焦作	7 月 21 日	181.6	191.5	9.9	5.5
7	玄坛庙	7 月 20 日	126.4	140.5	14.1	11.2
8	玄坛庙	7 月 22 日	146.6	161.5	14.9	10.2

续表 2-15

序号	站名	日期	自记日雨量/mm	遥测日雨量/mm	绝对偏差/mm	相对偏差/%
9	金岭坡	7 月 11 日	121.8	127.0	5.2	4.3
10	金岭坡	7 月 18 日	160.4	166.0	5.6	3.5
11	金岭坡	7 月 20 日	199.0	207.0	8.0	4.0
12	金岭坡	7 月 21 日	266.4	278.5	12.1	4.5
13	金岭坡	7 月 22 日	149.6	156.0	6.4	4.3
14	金岭坡	9 月 18 日	109.8	117.5	7.7	7.0
15	金岭坡	9 月 24 日	102.6	109.5	6.9	6.7
16	孟泉	7 月 18 日	150.2	148.0	-2.2	-1.5
17	孟泉	7 月 20 日	188.4	193.0	4.6	2.4
18	孟泉	7 月 21 日	233.4	233.0	-0.4	-0.2
19	孟泉	7 月 22 日	163.6	163.0	-0.6	-0.4
20	孟泉	9 月 18 日	108.6	113.0	4.4	4.1
21	博爱	7 月 20 日	134.6	146.5	11.9	8.8
22	博爱	7 月 21 日	152.2	167.5	15.3	10.1
23	西村	7 月 18 日	134.2	129.5	-4.7	-3.5
24	西村	7 月 20 日	187.2	178.5	-8.7	-4.6
25	西村	7 月 21 日	202.6	195.5	-7.1	-3.5
26	西村	7 月 22 日	129.6	122.0	-7.6	-5.9
27	西村	9 月 18 日	106.0	105.5	-0.5	-0.5
平均偏差						2.8

表 2-16   日雨量 50~100 mm 时两种仪器对比分析表

序号	站名	日期	自记日雨量/mm	遥测日雨量/mm	绝对偏差/mm	相对偏差/%
1	修武	7 月 11 日	75.9	71.5	-4.4	-5.8
2	修武	7 月 18 日	83.3	82.0	-1.3	-1.6
3	修武	7 月 19 日	62.8	59.5	-3.3	-5.3
4	修武	9 月 18 日	79.1	76.0	-3.1	-3.9
5	修武	9 月 24 日	77.9	76.5	-1.4	-1.8
6	何营	7 月 19 日	70.8	73.5	2.7	3.8
7	何营	8 月 29 日	88.7	91.0	2.3	2.6
8	何营	9 月 18 日	69.1	71.5	2.4	3.5
9	何营	9 月 24 日	57.1	59.0	1.9	3.3
10	焦作	7 月 11 日	99.0	103.5	4.5	4.5
11	焦作	7 月 19 日	75.4	80.0	4.6	6.1
12	焦作	9 月 18 日	97.8	107.0	9.2	9.4
13	焦作	9 月 24 日	77.8	63.0	-14.8	-19.0
14	玄坛庙	7 月 11 日	77.4	90.0	12.6	16.3
15	玄坛庙	7 月 18 日	91.8	103.0	11.2	12.2
16	玄坛庙	7 月 21 日	72.6	80.0	7.4	10.2
17	玄坛庙	8 月 30 日	56.8	64.0	7.2	12.7
18	玄坛庙	9 月 18 日	89.2	98.5	9.3	10.4
19	玄坛庙	9 月 24 日	86.6	95.5	8.9	10.3
20	金岭坡	7 月 19 日	68.2	71.5	3.3	4.8
21	金岭坡	8 月 30 日	65.8	70.5	4.7	7.1
22	孟泉	7 月 11 日	95.0	95.0	0	0
23	孟泉	7 月 19 日	66.4	69.0	2.6	3.9

续表 2-16

序号	站名	日期	自记日雨量/mm	遥测日雨量/mm	绝对偏差/mm	相对偏差/%
24	孟泉	8 月 30 日	61.6	62.5	0.9	1.5
25	孟泉	9 月 24 日	98.6	97.5	-1.1	-1.1
26	博爱	7 月 11 日	57.6	63.0	5.4	9.4
27	博爱	7 月 19 日	53.2	59.5	6.3	11.8
28	博爱	9 月 18 日	86.2	98.0	11.8	13.7
29	博爱	9 月 24 日	80.0	87.5	7.5	9.4
30	西村	7 月 19 日	56.4	54.0	-2.4	-4.3
31	西村	9 月 24 日	95.6	96.0	0.4	0.4
32	南岭	7 月 11 日	83.8	85.0	1.2	1.4
33	南岭	7 月 18 日	76.2	80.5	4.3	5.6
34	南岭	7 月 20 日	92.2	95.0	2.8	3.0
35	南岭	7 月 21 日	77.6	79.5	1.9	2.4
36	南岭	7 月 22 日	71.8	73.5	1.7	2.4
37	南岭	9 月 18 日	87.2	91.5	4.3	4.9
38	南岭	9 月 24 日	60.6	64.0	3.4	5.6
平均偏差						3.9

分析偏差出现的原因,首先是降雨时空分布存在一定的差异,两种仪器安装位置有一定的距离;其次是两种仪器的时钟同步也存在一定的偏差;最后是两种仪器的工作原理不一致导致出现一定的偏差,但总体上偏差有限,可以满足防汛需要。

2.7.2　时段雨量对比分析

选择修武水文站、何营水文站和焦作、孟泉 2 个国家基本雨量站,对 1 h 时段降雨和累积降雨量进行分析。由图 2-21～图 2-24 可以看出,时段雨量过程基本一致,累积雨量中修武水文站和焦作雨量站偏差略大,何营水文站和孟泉雨量站偏差较小,分析原因可能与其观测环境等因素有关。

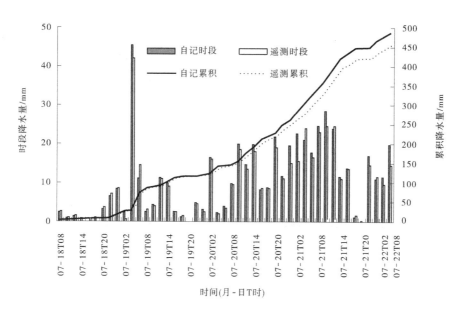

图 2-21　修武水文站自记雨量与遥测雨量对比图

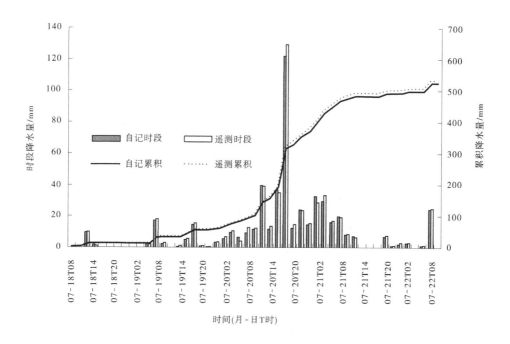

图 2-22　何营水文站自记雨量与遥测雨量对比图

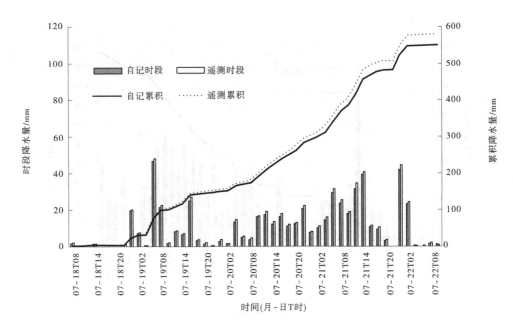

图 2-23　焦作雨量站自记雨量与遥测雨量对比图

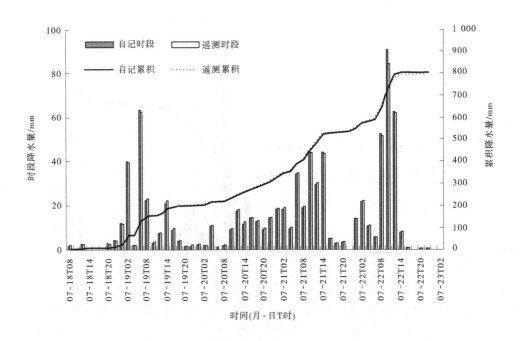

图 2-24　孟泉雨量站自记雨量与遥测雨量对比图

第 3 章　暴雨强度分析

3.1　长短历时暴雨分析

根据统计,全市 1 h 最大降水量为何营水文站的 75.0 mm,24 h 最大降水量为沙墙水文站的 374.0 mm,最大 7 d 雨量为东岭后水文站的 943.5 mm。

3.1.1　短历时暴雨分析

根据统计,1 h 最大降水量有 16 个站点大于 50 mm,24 h 最大降水量有 135 个站点大于 100 mm,其中 24 h 最大降水量有 72 个站点大于 200 mm,大多出现在 7 月 20 日、21 日,各站 1 h、6 h、24 h 最大降水量统计见表 3-1。

表 3-1　短历时暴雨特征值统计表　　单位:mm

站次	站名	不同时段(h)降水量								
		1			6			24		
		降水量/mm	开始		降水量/mm	开始		降水量/mm	开始	
			月	日		月	日		月	日
1	群英	26.0	7	11	85.0	7	11	142.5	7	18
2	造店	36.0	7	11	112.0	7	21	238.0	7	20
3	小尚	33.0	7	11	121.0	7	21	254.5	7	21
4	影寺	35.0	6	14	84.0	7	11	154.5	7	18
5	五里堡	26.0	7	21	75.0	7	21	207.0	7	20
6	杨楼	30.5	7	19	99.5	7	21	262.5	7	20
7	修武	28.0	7	19	76.0	7	21	208.0	7	20
8	马鞍石	32.0	8	4	71.0	9	24	113.5	9	18
9	南岭	25.5	7	11	78.5	7	11	132.0	7	21
10	黄围	36.5	7	19	103.5	6	14	177.5	7	18
11	黄塘	37.5	7	22	88.0	7	22	198.5	7	21
12	白莲坡	29.5	7	28	70.5	9	24	102.5	9	18
13	张三街	34.5	8	31	74.5	7	11	148.5	7	20

续表 3-1

站次	站名	不同时段(h)降水量									
		1			6			24			
		降水量/mm	开始		降水量/mm	开始		降水量/mm	开始		
			月	日		月	日		月	日	
14	寨豁	30.5	7	11	70.5	9	24	176.5	7	20	
15	月山水库	24.0	7	17	67.0	9	24	143.0	7	21	
16	郭顶	36.0	7	22	68.0	9	24	146.0	7	20	
17	黄岭	36.0	7	21	71.5	9	24	168.5	7	21	
18	司窑	26.0	7	21	99.5	7	21	214.5	7	21	
19	玄坛庙	56.0	7	22	147.0	7	22	208.0	7	21	
20	大底	30.0	7	19	44.0	9	18	97.5	9	18	
21	南坡	55.0	7	22	156.0	7	22	255.0	7	21	
22	博爱	32.5	7	21	119.5	7	21	216.5	7	20	
23	许良	29.0	7	21	74.0	9	24	151.0	7	20	
24	张木光	28.5	7	11	65.5	9	24	158.0	7	20	
25	新李庄	32.0	7	11	71.0	7	21	173.5	7	20	
26	宁郭	43.5	7	14	75.5	7	21	199.5	7	20	
27	磨头	37.0	8	5	80.0	7	21	149.5	7	20	
28	西金城	55.0	8	5	95.5	7	21	213.5	7	20	
29	王保	48.0	6	30	66.5	8	5	151.0	7	21	
30	丰顺店	26.5	8	13	57.0	7	21	136.5	7	20	
31	三阳	36.0	8	13	70.5	7	21	192.5	7	20	
32	大高村	30.5	7	19	94.0	7	21	225.5	7	20	
33	百间房	37.5	7	19	102.5	7	21	254.5	7	20	
34	焦作	36.5	7	19	94.0	7	21	261.5	7	21	

续表 3-1

站次	站名	不同时段(h)降水量								
		1			6			24		
		降水量/mm	开始		降水量/mm	开始		降水量/mm	开始	
			月	日		月	日		月	日
35	安阳城	35.0	7	22	84.5	7	22	209.0	7	20
36	待王镇	30.5	7	19	76.5	7	21	209.0	7	20
37	龙洞	31.5	7	19	64.0	9	24	147.5	7	20
38	焦作影视城（老牛河）	29.0	7	21	84.5	7	21	202.0	7	21
39	南敬村	34.0	7	21	105.0	7	21	227.5	7	21
40	西韩王	36.5	8	9	70.5	9	24	116.0	9	18
41	山阳水利局	39.0	7	19	100.5	7	21	252.0	7	21
42	焦作水利局	37.0	7	19	86.5	7	21	237.0	7	21
43	北朱村	30.5	7	19	128.5	7	21	257.0	7	21
44	田坪	47.5	7	22	146.5	7	22	266.0	7	21
45	后河	38.0	7	11	100.0	7	11	193.5	7	18
46	孤山	43.0	7	11	118.5	7	11	222.5	7	18
47	长岭	39.0	7	11	102.0	7	11	254.5	7	20
48	当阳峪	32.0	7	19	89.0	7	21	242.5	7	20
49	桑园	38.5	6	14	89.0	7	11	203.5	7	20
50	赵庄	33.0	7	19	77.0	7	19	185.0	7	20
51	西村	47.0	7	22	135.0	7	22	249.5	7	20
52	孟泉	47.0	7	22	197.5	7	22	305.0	7	21
53	外窑	40.0	7	22	99.5	7	21	233.0	7	20
54	一斗水	34.0	7	11	152.0	7	11	352.0	7	20

续表 3-1

站次	站名	不同时段(h)降水量								
		1			6			24		
		降水量/mm	开始		降水量/mm	开始		降水量/mm	开始	
			月	日		月	日		月	日
55	金岭坡	50.5	7	22	203.5	7	22	331.5	7	21
56	东岭后	54.0	7	22	230.0	7	22	374.0	7	21
57	云台山	28.5	8	29	50.5	7	11	77.0	7	11
58	沙墙	62.5	7	22	233.0	7	22	353.5	7	21
59	方庄	53.0	7	22	207.0	7	22	298.0	7	21
60	二十里铺	35.5	7	19	78.5	7	21	230.5	7	20
61	李万	27.5	7	21	76.0	7	21	218.0	7	20
62	王屯	43.5	7	11	74.0	7	20	227.5	7	20
63	郇封	31.5	7	11	69.0	7	20	217.0	7	20
64	青龙峡	45.5	7	11	124.0	7	22	217.5	7	20
65	葡萄峪	33.0	7	19	125.0	7	22	210.0	7	21
66	周庄	26.0	7	21	77.5	7	21	231.0	7	20
67	修武水利局	25.5	7	21	98.5	7	21	249.5	7	20
68	顺涧	22.0	8	5	88.0	7	20	177.0	7	19
69	白墙	44.0	7	8	93.0	7	20	174.5	7	19
70	保方	52.0	8	5	61.5	9	24	110.0	7	19
71	中王占	78.5	8	5	81.5	8	5	130.5	7	19
72	前庄	46.5	7	21	147.0	7	21	201.0	7	20
73	徐堡	43.0	8	13	79.5	8	13	175.0	7	19
74	武德镇	38.0	8	13	78.5	7	20	199.0	7	19
75	北保丰	35.0	6	30	84.5	7	20	204.5	7	19

续表 3-1

站次	站名	不同时段(h)降水量								
		1			6			24		
		降水量/mm	开始		降水量/mm	开始		降水量/mm	开始	
			月	日		月	日		月	日
76	赵堡	36.5	6	30	87.5	7	20	222.5	7	19
77	西王贺	42.0	7	11	102.0	7	21	186.0	7	20
78	西陶	26.5	7	11	65.5	7	20	177.5	7	19
79	北郭	38.5	8	22	74.0	7	20	203.5	7	20
80	大虹桥	41.5	8	5	74.0	9	24	187.5	7	20
81	上汤沟	27.5	7	20	103.5	7	20	200.5	7	19
82	石庄	27.5	7	20	103.5	7	20	200.5	7	19
83	店上	27.5	8	5	92.5	7	20	183.5	7	19
84	路家庄	39.0	8	12	101.0	7	20	205.0	7	19
85	横山	44.5	8	12	147.5	7	20	282.0	7	19
86	孟县	37.0	7	20	129.5	7	20	241.0	7	19
87	汤庙	29.0	7	20	113.0	7	20	213.5	7	19
88	小宋庄	30.0	7	8	126.5	7	20	248.0	7	19
89	东赵和	32.5	7	20	101.0	7	20	185.5	7	19
90	北那	33.5	8	30	88.0	7	20	164.5	7	19
91	猴村	28.5	7	20	94.5	7	20	179.0	7	19
92	前姚	27.0	7	20	88.0	7	20	174.0	7	19
93	还封	29.0	8	13	86.0	7	20	158.0	7	19
94	温县	29.5	8	5	84.0	7	20	210.5	7	19
95	喜合	26.5	7	11	105.0	7	20	226.0	7	19
96	前赵	65.5	8	5	72.5	8	5	143.0	7	19

续表 3-1

站次	站名	不同时段(h)降水量								
		1			6			24		
		降水量/mm	开始		降水量/mm	开始		降水量/mm	开始	
			月	日		月	日		月	日
97	大张	39.0	7	22	70.5	7	20	148.5	7	19
98	南龙盘	25.5	7	21	77.0	7	21	147.0	7	19
99	黄庄	51.0	8	5	82.5	7	20	182.5	7	19
100	招贤	28.5	7	20	90.5	7	20	201.0	7	19
101	岳村	28.5	7	11	78.5	7	20	201.0	7	19
102	中化	49.5	7	20	141.0	7	20	253.0	7	19
103	下官	29.0	7	20	103.5	7	20	204.0	7	19
104	神农山	56.0	7	11	83.5	7	11	135.0	7	20
105	番田	23.0	7	11	71.0	7	20	143.0	7	19
106	前杨磊	29.5	7	11	83.0	8	12	164.5	7	19
107	北冷	36.0	7	11	64.5	7	20	155.5	7	19
108	常平	36.5	7	11	81.0	9	24	139.5	7	20
109	杨庄河	35.0	7	11	72.5	9	24	151.0	7	20
110	云台村	59.0	7	11	125.0	7	11	238.5	7	20
111	八一水库	39.0	7	11	62.5	7	11	99.0	7	20
112	逍遥水库	49.0	7	11	79.5	7	11	184.0	7	20
113	西王曲	54.5	8	5	64.5	7	20	126.0	7	19
114	宋寨	43.5	7	8	79.0	9	24	116.5	7	20
115	王庄	24.5	9	24	70.0	9	24	107.0	7	19
116	东向	27.5	7	11	74.0	9	24	98.0	9	24
117	杨河	28.0	7	11	75.5	9	24	121.5	7	20

续表 3-1

站次	站名	不同时段(h)降水量									
		1			6			24			
		降水量/mm	开始		降水量/mm	开始		降水量/mm	开始		
			月	日		月	日		月	日	
118	道口	31.0	7	11	71.5	9	24	124.5	7	20	
119	何营	75.0	7	20	180.5	7	20	380.0	7	20	
120	东石寺	36.0	7	11	75.5	7	20	221.0	7	20	
121	谢旗营	27.5	7	11	78.5	7	20	230.5	7	20	
122	邢庄	30.5	7	20	86.0	7	20	252.5	7	20	
123	圪垱店	35.5	7	20	91.0	7	20	264.0	7	20	
124	二铺营	44.0	7	21	115.5	7	20	264.5	7	20	
125	小马营	67.0	7	20	169.5	7	20	366.5	7	20	
126	武桥	26.5	7	20	81.0	7	20	169.5	7	19	
127	氾水滩	28.5	7	20	99.0	7	20	249.0	7	19	
128	伏背	27.0	7	22	66.0	9	24	103.0	7	20	
129	任庄	40.5	7	21	120.0	7	21	173.5	7	20	
130	北孟迁	30.5	7	11	63.0	8	22	158.5	7	19	
131	阳华	40.5	7	21	86.5	7	21	119.0	7	21	
132	水北关	47.0	7	21	119.5	7	21	172.5	7	20	
133	闪拐	36.5	8	5	86.5	7	21	148.5	7	20	
134	解封	57.0	8	13	82.5	7	20	215.5	7	19	
135	东唐郭	41.5	7	20	80.0	7	20	207.5	7	20	
136	童贯	30.5	8	22	55.5	9	24	83.5	9	18	
137	北冶	34.0	8	13	142.5	7	20	276.0	7	19	
138	尚武	28.0	8	5	85.0	7	20	211.5	7	19	
139	西小庄	23.5	7	20	99.0	7	20	239.5	7	20	
140	青天河	43.0	7	22	136.0	7	22	189.5	7	21	

3.1.2　长历时暴雨分析

根据统计,1 d 最大降水量有 130 个站点大于 100 mm,3 d 最大降水量有 130 个站点大于或等于 200 mm,7 d 最大降水量有 98 个站点大于 350 mm,场次大多为"7·20"暴雨,各站 1 d、3 d、7 d 最大降水量统计见表 3-2。

表 3-2　长历时暴雨特征值统计　　　　　　　　　单位:mm

站次	站名	不同时段(d)降水量								
		1			3			7		
		降水量/mm	开始		降水量/mm	开始		降水量/mm	开始	
			月	日		月	日		月	日
1	群英	120.0	7	18	232.5	7	18	338.0	7	16
2	造店	180.5	7	21	404.0	7	19	542.5	7	16
3	小尚	202.0	7	21	423.0	7	19	518.0	7	16
4	影寺	122.0	7	18	188.0	7	17	194.5	7	17
5	五里堡	168.0	7	20	327.0	7	20	337.0	7	20
6	杨楼	216.0	7	20	483.5	7	19	608.5	7	17
7	修武	177.5	7	20	385.0	7	19	493.5	7	17
8	马鞍石	110.5	9	18	129.0	9	17	220.5	9	18
9	南岭	95.0	7	20	248.0	7	20	373.5	7	17
10	黄围	146.5	7	18	318.5	7	18	476.0	7	16
11	黄塘	139.0	7	21	366.0	7	20	503.5	7	17
12	白莲坡	98.0	9	18	160.0	7	19	240.0	7	17
13	张三街	143.5	7	20	280.5	7	18	402.5	7	17
14	寨豁	162.5	7	20	316.5	7	19	457.0	7	17
15	月山水库	114.0	7	21	257.5	7	19	364.0	7	17
16	郭顶	145.0	7	20	265.5	7	20	396.0	7	16
17	黄岭	159.5	7	20	336.0	7	19	453.0	7	16
18	司窑	179.5	7	21	361.5	7	19	486.5	7	17

续表 3-2

站次	站名	不同时段(d)降水量									
		1			3			7			
		降水量/mm	开始		降水量/mm	开始		降水量/mm	开始		
			月	日		月	日		月	日	
19	玄坛庙	158.0	7	22	378.0	7	20	555.0	7	16	
20	大底	93.5	9	18	114.5	9	17	148.5	9	18	
21	南坡	157.0	7	22	433.5	7	20	583.5	7	16	
22	博爱	167.5	7	21	373.5	7	19	447.0	7	16	
23	许良	120.0	7	20	290.0	7	19	371.0	7	17	
24	张木光	158.0	7	20	290.5	7	19	433.0	7	16	
25	新李庄	173.5	7	20	312.0	7	19	428.0	7	16	
26	宁郭	181.5	7	20	361.5	7	19	440.5	7	16	
27	磨头	126.0	7	20	292.0	7	19	377.5	7	16	
28	西金城	167.5	7	20	385.5	7	19	472.0	7	16	
29	王保	140.5	7	20	305.5	7	19	392.5	7	16	
30	丰顺店	136.5	7	20	242.0	7	19	288.5	7	16	
31	三阳	191.5	7	20	334.5	7	19	393.5	7	16	
32	大高村	185.5	7	20	418.0	7	19	513.5	7	17	
33	百间房	199.0	7	20	441.0	7	20	615.0	7	17	
34	焦作	206.0	7	20	477.5	7	19	605.0	7	17	
35	安阳城	168.0	7	20	392.5	7	20	550.0	7	17	
36	待王镇	183.0	7	20	394.0	7	19	511.0	7	17	
37	龙洞	121.0	7	20	251.0	7	19	355.0	7	15	
38	焦作影视城（老牛河）	163.0	7	21	359.5	7	19	480.5	7	17	

续表 3-2

站次	站名	不同时段(d)降水量									
		1			3			7			
		降水量/mm	开始		降水量/mm	开始		降水量/mm	开始		
			月	日		月	日		月	日	
39	南敬村	174.0	7	21	403.5	7	19	502.5	7	16	
40	西韩王	109.5	9	18	131.5	9	17	210.5	9	18	
41	山阳水利局	192.0	7	20	453.0	7	19	585.0	7	17	
42	焦作水利局	193.5	7	20	423.5	7	19	565.0	7	17	
43	北朱村	206.5	7	21	438.0	7	19	572.0	7	16	
44	田坪	216.0	7	21	493.0	7	20	708.5	7	17	
45	后河	151.5	7	18	239.0	7	17	241.0	7	17	
46	孤山	176.0	7	18	367.5	7	18	401.0	7	17	
47	长岭	210.5	7	20	409.5	7	18	572.5	7	17	
48	当阳峪	195.0	7	20	419.0	7	19	587.5	7	17	
49	桑园	175.5	7	20	353.0	7	18	481.5	7	15	
50	赵庄	184.0	7	20	366.0	7	18	397.5	7	15	
51	西村	194.5	7	21	495.0	7	20	702.0	7	17	
52	孟泉	233.0	7	21	582.5	7	20	813.0	7	17	
53	外窑	210.5	7	21	445.0	7	19	593.0	7	17	
54	一斗水	286.5	7	20	555.0	7	19	711.5	7	15	
55	金岭坡	277.0	7	21	632.5	7	20	883.0	7	17	
56	东岭后	342.0	7	21	700.5	7	20	952.5	7	17	
57	云台山	70.5	7	11	77.5	8	29	103.0	8	29	
58	沙墙	266.5	7	21	624.0	7	20	795.0	7	16	
59	方庄	225.0	7	21	571.5	7	20	763.0	7	17	

续表 3-2

站次	站名	不同时段(d)降水量									
		1			3			7			
		降水量/mm	开始		降水量/mm	开始		降水量/mm	开始		
			月	日		月	日		月	日	
60	二十里铺	201.5	7	20	349.5	7	18	446.5	7	17	
61	李万	186.5	7	20	407.0	7	19	503.0	7	16	
62	王屯	218.5	7	20	450.5	7	19	539.5	7	17	
63	郇封	205.0	7	20	425.0	7	19	518.0	7	17	
64	青龙峡	192.5	7	20	465.5	7	20	717.0	7	17	
65	葡萄峪	171.0	7	21	372.0	7	20	544.0	7	17	
66	周庄	205.0	7	20	406.5	7	19	507.0	7	17	
67	修武水利局	180.5	7	20	345.0	7	20	358.5	7	17	
68	顺涧	115.5	7	20	234.0	7	18	284.0	7	17	
69	白墙	116.5	7	20	267.0	7	18	338.5	7	16	
70	保方	85.0	7	20	197.5	7	19	277.0	7	16	
71	中王占	107.5	7	20	246.5	7	19	362.5	7	16	
72	前庄	158.0	7	21	365.5	7	19	443.5	7	16	
73	徐堡	164.0	7	20	278.0	7	19	364.0	7	16	
74	武德镇	182.0	7	20	317.5	7	18	440.0	7	16	
75	北保丰	188.0	7	20	328.0	7	18	420.0	7	16	
76	赵堡	195.5	7	20	330.5	7	19	409.5	7	16	
77	西王贺	165.5	7	20	363.5	7	19	457.0	7	16	
78	西陶	168.0	7	20	287.0	7	19	346.0	7	16	
79	北郭	192.5	7	20	336.0	7	19	398.5	7	16	
80	大虹桥	185.0	7	20	322.5	7	19	372.0	7	17	

续表 3-2

站次	站名	不同时段(d)降水量								
		1			3			7		
		降水量/mm	开始		降水量/mm	开始		降水量/mm	开始	
			月	日		月	日		月	日
81	上汤沟	146.5	7	20	267.5	7	18	344.5	7	17
82	石庄	146.5	7	20	267.5	7	18	344.5	7	17
83	店上	113.5	7	20	237.5	7	18	284.5	7	17
84	路家庄	124.0	7	19	268.5	7	18	297.0	7	17
85	横山	174.0	7	19	392.0	7	18	416.0	7	17
86	孟县	151.0	7	20	315.5	7	18	356.0	7	16
87	汤庙	140.5	7	20	291.5	7	18	331.5	7	17
88	小宋庄	149.5	7	20	338.0	7	18	370.5	7	16
89	东赵和	127.5	7	20	282.5	7	18	333.5	7	16
90	北那	107.0	7	20	257.5	7	18	321.5	7	16
91	猴村	110.0	7	20	258.0	7	18	306.0	7	16
92	前姚	112.0	7	20	251.0	7	18	309.5	7	16
93	还封	116.0	7	20	233.0	7	18	310.5	7	17
94	温县	170.0	7	20	324.0	7	19	396.0	7	16
95	喜合	180.0	7	20	327.5	7	19	372.0	7	16
96	前赵	106.0	7	20	257.0	7	19	343.0	7	16
97	大张	103.0	7	20	253.0	7	19	320.5	7	16
98	南龙盘	128.5	7	20	289.5	7	19	360.5	7	16
99	黄庄	167.5	7	20	313.5	7	19	377.5	7	16
100	招贤	144.0	7	20	280.5	7	19	310.5	7	16
101	岳村	159.0	7	20	309.0	7	19	360.5	7	16

续表 3-2

站次	站名	不同时段(d)降水量								
		1			3			7		
		降水量/mm	开始		降水量/mm	开始		降水量/mm	开始	
			月	日		月	日		月	日
102	中化	165.0	7	20	337.0	7	18	384.0	7	18
103	下官	142.5	7	20	291.5	7	18	343.0	7	16
104	神农山	128.5	7	20	275.0	7	19	404.5	7	17
105	番田	116.0	7	20	254.0	7	19	312.5	7	16
106	前杨磊	129.0	7	16	259.0	7	19	307.0	7	16
107	北冷	149.5	7	16	267.0	7	19	322.0	7	16
108	常平	136.0	7	17	263.5	7	19	396.5	7	17
109	杨庄河	150.5	7	16	276.5	7	18	368.5	7	16
110	云台村	238.5	7	17	460.5	7	18	621.5	7	17
111	八一水库	98.0	7	17	207.0	7	20	282.0	7	17
112	逍遥水库	181.5	7	17	344.0	7	20	506.5	7	17
113	西王曲	106.5	7	16	228.5	7	19	314.5	7	16
114	宋寨	109.5	7	17	214.0	7	19	295.0	7	17
115	王庄	99.0	7	17	229.5	7	19	311.5	7	17
116	东向	97.5	9	18	133.5	8	29	194.5	9	18
117	杨河	112.5	7	17	236.5	7	19	335.0	7	17
118	道口	109.5	7	17	249.5	7	19	308.0	7	17
119	何营	376.0	7	16	496.5	7	19	545.0	7	16
120	东石寺	215.5	7	16	392.5	7	19	460.0	7	16
121	谢旗营	230.5	7	17	401.5	7	19	467.0	7	17

续表 3-2

站次	站名	不同时段(d)降水量									
		1			3			7			
		降水量/mm	开始		降水量/mm	开始		降水量/mm	开始		
			月	日		月	日		月	日	
122	邢庄	252.5	7	16	416.5	7	19	486.5	7	16	
123	圪垱店	264.0	7	15	432.5	7	19	498.5	7	15	
124	二铺营	262.5	7	15	454.0	7	19	507.0	7	15	
125	小马营	362.5	7	16	482.0	7	19	538.5	7	16	
126	武桥	122.0	7	16	259.0	7	19	302.5	7	16	
127	氾水滩	217.5	7	16	359.5	7	19	390.5	7	16	
128	伏背	90.5	7	16	195.5	7	19	278.0	7	16	
129	任庄	126.0	7	16	307.0	7	19	393.0	7	16	
130	北孟迁	147.5	7	16	272.0	7	18	355.0	7	16	
131	阳华	100.0	7	16	264.5	7	19	339.0	7	16	
132	水北关	139.5	7	16	316.0	7	19	391.5	7	16	
133	闪拐	132.0	7	16	296.5	7	19	367.0	7	16	
134	解封	179.5	7	16	312.5	7	19	362.0	7	16	
135	东唐郭	191.5	7	16	333.0	7	19	391.0	7	16	
136	童贯	77.0	8	28	130.5	8	28	182.0	8	28	
137	北冶	205.0	7	16	363.5	7	18	402.0	7	16	
138	尚武	168.0	7	16	323.5	7	18	392.5	7	16	
139	西小庄	234.0	7	15	356.0	7	19	395.0	7	15	
140	青天河	167.0	7	16	352.5	7	20	505.5	7	16	

3.2　与历史暴雨比较

3.2.1　与本地区时段雨量极值比较

分别统计 2021 年全市发生的 1 h、6 h、24 h 短历时降水量最大值和 3 d、7 d 长历时降水量最大值(见表 3-3),与焦作市境内发生的相应历时降水量最大值进行比较,除短历时 1 h 和 6 h 降水量最大值小于历史极值外,其他 3 种时段的降水量最大值均大于全市历史最大值(见表 3-4),创造了焦作市新的记录。

表 3-3　2021 年各县(市、区)降水量极值统计表　　　　单位:mm

县(市、区)	市区	修武	温县	博爱	沁阳	孟州	武陟	全市
1 h	39.0	62.5	42.5	56.0	59.0	49.5	75.0	75.0
站名	山阳水利局	沙墙	黄庄	玄坛庙	云台村	中化	何营	何营
日期(月-日)	07-19	07-22	07-11	07-22	07-11	07-20	07-20	07-20
6 h	128.5	233.0	142.5	156.0	147.0	147.5	180.5	233.0
日期(月-日)	07-21	07-22	07-20	07-22	07-21	07-20	07-20	07-22
站名	北朱村	沙墙	北冶	南坡	前庄	横山	何营	沙墙
24 h	261.5	374.0	276.0	255.0	238.5	282.0	366.5	374.0
站名	焦作	东岭后	北冶	南坡	云台村	横山	何营	东岭后
日期(月-日)	07-22	07-22	07-20	07-22	07-21	07-20	07-21	07-22
3 d	483.5	701	363.5	437.5	460.5	392	498.5	701.0
站名	杨楼	东岭后	北冶	南坡	云台村	横山	何营	东岭后
日期(月-日)	07-19	07-20	07-18	07-20	07-18	07-18	07-18	07-20
7 d	601	943.5	393.5	571	615.0	413.5	540	943.5
站名	百间房	东岭后	武德镇	南坡	云台村	横山	何营	东岭后
日期(月-日)	07-17	07-17	07-16	07-16	07-17	07-16	07-16	07-17

表 3-4　焦作市长短历时最大点降水量统计　　　　　　　单位:mm

历时	本年最大	站名	日期（月-日）	历史最大	站名	日期（年-月-日）
1 h	75.0	何营	07-20	100.9	修武	1982-08-09
6 h	233.0	沙墙	07-22	256.5	焦作	1955-08-17
24 h	374.0	东岭后	07-21	297.7	金岭坡	1996-08-03
3 d	701.0	东岭后	07-20	467.5	焦作	1955-08-15
7 d	943.5	东岭后	07-17	542.4	焦作	1955-08-13

其中超 24 h 历史最大降水量记录的有孟泉、一斗水、金岭坡、东岭后、沙墙、方庄、何营、小马营等 8 个雨量站,分别位于焦作市修武县和武陟县东部,均在海河流域内。超 3 d 历史最大降水量记录的有东岭后、金岭坡、沙墙、孟泉、田坪、方庄、一斗水、何营、西村、青龙峡、杨楼、小马营、焦作 13 个雨量站,分别位于焦作市区、修武县和武陟县东部,均在海河流域内。超 7 d 历史最大降水量记录的有东岭后、金岭坡、孟泉、沙墙、田坪、方庄、青龙峡、一斗水、西村、云台村、百间房、焦作、杨楼、葡萄峪、山阳水利局、外窑、当阳峪、南坡、长岭、焦作水利局、北朱村、安阳城等 22 个雨量站,除云台村外,都位于焦作市区、修武县和武陟县东部,均在海河流域内。

3.2.2　与历史雨量比较

焦作市分别在 1963 年、1964 年、1966 年、1970 年、1976 年、1982 年、1996 年、2000 年、2016 年出现大暴雨,因焦作市处于沁河、丹河、蟒河下游,境内雨量对沁河、丹河、蟒河的洪水影响较小,而大沙河位于焦作市上游区,对大沙河洪水的影响较为直接,因此选取海河流域大沙河修武水文站以上的雨量进行对比分析(见表 3-5)。

由表 3-5 可以看出,2021 年"7·20"暴雨大沙河修武站以上平均降水量 594.7 mm,远大于 1963 年 8 月的 396.6 mm。

3.3　暴雨重现期分析

根据焦作市地形及暴雨分布特点,选取周边资料条件较好的田坪、焦作、山路平、沁阳 4 个站,分别代表海河流域和黄河流域的山区和山前区降水量,对其暴雨重现期进行分析。根据分析结果(见表 3-6),海河流域代表站中,山区和山前区最大 24 h 降水量和最大 3 d 降水量重现期均大于 100 年一遇,黄河流域代表站中,仅山前区最大 3 d 降水量重现期均接近 50 年一遇,也再次印证了海河流域最大 24 h 降水量和最大 3 d 降水量相对更大。

表 3-5　大沙河主要大水年次累计降水量统计表

单位：mm

年份	日期（月-日）	起止日期（月-日）	南岭	黄雨	玄坛庙	博爱	宁郭	焦作	田坪	西村	孟泉	修武	金岭坡	过程平均	暴雨中心
1963	08-07	07-31~08-10	—	—	451.2	119.0	—	321.1	456.2	455.7	447.7	291.6	630.6	396.6	田坪
1964	07-27	07-22~07-27	124.4	—	156.6	125.4	—	146.2	156.8	158.3	114.1	83.7	142.5	135.5	西村
1966	07-21	07-20~07-27	114.8	—	169.8	168.3	—	145.9	132.9	175.6	167.4	84.0	192.3	150.1	西村
1970	07-30	07-28~08-01	46.1	58.6	84.8	69.3	101.5	109.0	156.8	113.5	183.8	91.6	154.4	106.3	孟泉
1976	07-19	07-17~07-22	176.1	167.7	137.6	128.3	200.5	239.8	298.9	318.3	334.1	318.4	194.8	228.6	孟泉
1982	07-31	07-29~08-04	264.7	264.8	322.9	279.9	285.9	215.3	320.5	301.6	299.9	222.6	361.0	285.4	金岭坡
1996	08-03	07-27~08-05	202.8	252.2	240.8	165.7	148.7	226.5	354.1	310.1	418.1	319.5	418.6	277.9	金岭坡
2000	07-17	07-13~07-19	45.7	67.5	87.3	12.3	31.4	111.5	212.0	217.0	65.9	16.5	105.4	88.4	田坪
2016	07-19	07-17~07-24	210.3	132.1	192.9	103.5	62.9	77.7	133.6	120.6	133.6	145.5	196.2	137.2	南岭
2021	07-20	07-14~07-23	363.8	476.5	507.6	412.6	492.0	580.8	717.5	743.6	832.0	545.2	869.8	594.7	金岭坡

表 3-6　焦作市长短历时典型站暴雨重现期表

流域	地形	代表站	时段	均值/mm	C_v	不同频率雨量/mm			本站最大/mm	重现期/年	区域最大		重现期/年
						1%	2%	5%			数值/mm	代表站	
海河	山区	田坪	1 h	41.4	0.55	122.2	107.0	86.7	47.5	小于 20	62.5	沙墙	小于 20
			6 h	65.6	0.67	230.9	197.0	153.5	146.5	20	233.0	沙墙	50
			24 h	96.2	0.61	311.0	268.1	213.6	266.0	50	328.0	金岭坡	大于 100
			3 d	120.6	0.64	407.0	349.1	275.0	493.0	大于 100	615.0	金岭坡	大于 100
	山前区	焦作	1 h	41.7	0.54	121.6	106.6	86.5	44.4	小于 20	39.0	山阳水利局	小于 20
			6 h	63.9	0.65	220.1	188.1	147.0	90.8	小于 20	128.5	北朱村	小于 20
			24 h	89.6	0.46	229.3	204.2	170.4	247.0	大于 100	262.5	杨楼	大于 100
			3 d	109.3	0.62	359.4	310.0	245.2	449.2	大于 100	477.5	焦作	大于 100
黄河	山区	山路平	1 h	44.8	0.53	129.1	113.2	92.1	36.0	小于 20	59.0	云台村	小于 20
			6 h	63.2	0.64	213.3	182.9	144.1	68.0	小于 20	136.0	青天河	小于 20
			24 h	94.8	0.58	293.3	254.8	204.8	146.0	小于 20	238.5	云台村	大于 20
			3 d	109.2	0.63	364.4	312.8	246.8	265.5	20	460.5	云台村	大于 100
	山前区	沁阳	1 h	38.2	0.51	106.4	93.7	76.8	40.5	小于 20	47.0	水北关	小于 20
			6 h	55.6	0.61	179.7	155.0	123.4	120.0	20	147.0	前庄	大于 20
			24 h	80.1	0.56	242.0	210.6	169.8	173.5	20	173.5	任庄	20
			3 d	99.1	0.67	348.8	297.6	231.9	292.5	50	307	任庄	50

第4章 洪水分析

受暴雨影响,全市黄河流域和海河流域均出现较大洪水过程。海河流域大沙河修武水文站7月22日18时出现洪峰水位83.65 m,打破了该站1963年8月9日的历史最高洪水位记录83.02 m,比原记录高出0.63 m,洪峰流量为510 m³/s,超过1963年的289 m³/s。

黄河流域沁河河口村水库上游入库站山里泉水文站7月11日13:24洪峰水位283.76 m,洪峰流量3 800 m³/s。河口村水库下游五龙口水文站9月26日20:18洪峰水位145.28 m,洪峰流量1 860 m³/s(9月27日00:00),仅次于1982年和1954年。武陟水文站9月27日15:18洪峰水位106.12 m,洪峰流量2 000 m³/s,为1982年以来最大,仅次于1982年、1954年和1956年,为设站以来第4位。

黄河流域沁河左岸支流丹河山路平水文站7月11日15:50洪峰水位205.20 m,洪峰流量1 120 m³/s,为1957年以来最大,仅次于1954年、1956年和1957年,为设站以来第4位。

4.1 洪水过程

4.1.1 大沙河

大沙河2021年共出现4次洪水过程,修武水文站洪峰水位分别为:7月22日18:00洪峰水位83.65 m,9月20日14:00洪峰水位81.95 m,9月26日05:00洪峰水位82.08 m,9月28日23:00洪峰水位81.90 m。其中,"7·22"洪水洪峰水位超保证水位(83.50 m)0.15 m,超警戒水位(82.00 m)1.65 m;"9·26"洪水洪峰水位超警戒水位(82.00 m)0.08 m,详见表4-1。另两次暴雨形成的洪水流量较小,分别为7月12日07:51最大流量29.5 m³/s,9月2日08:22最大流量53.6 m³/s。

表4-1 大沙河修武水文站各次洪水特征统计表

序号	时间(月-日T时)	洪峰水位/m	洪峰流量/(m³/s)
1	07-22T18	83.65	510
2	09-20T14	81.95	113
3	09-26T05	82.08	123
4	09-28T23	81.90	111

4.1.1.1 "7·22"洪水

7月11日,大沙河普降暴雨,11日平均降水量92.6 mm,因前期干旱,12日07:51修武水文站最高水位 80.22 m,最大流量 29.5 m³/s,未形成较大洪水。

7 月 17~22 日大沙河上游又出现连续暴雨和大暴雨,各日平均降水量分别为 19.3 mm、111.3 mm、47.6 mm、130.6 mm、135.2 mm、88.3 mm,累计 532.3 mm。受连续暴雨和大暴雨影响,修武水文站出现洪水过程,7 月 18 日 18:00 开始起涨,起涨水位 79.31 m,20 日 23:40 开始超警戒水位,22 日 14:29 开始超保证水位,22 日 18:00 洪峰水位 83.65 m,至 20:00 水位开始回落,23 日 06:00 落至保证水位以下,26 日 00:00 落至警戒水位以下,超过警戒水位历时约 5 d,超过保证水位历时约 15 h。修武水文站"7·22"洪水水位流量过程见图 4-1。

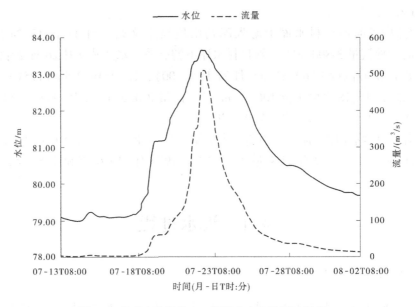

图 4-1　修武水文站"7·22"洪水水位流量过程线

受修武水文站以上大沙河上游洪水及修武水文站至合河水文站区间洪水影响,下游合河(共)7 月 20 日 03:01 开始超警戒水位(74.00 m),7 月 22 日 06:45 开始超保证水位(75.80 m),至 7 月 23 日 05:00 出现 76.76 m 的洪峰水位,相应洪峰流量 1 320 m³/s,7 月 26 日 08:00 后落至保证水位以下,8 月 4 日 21:54 落至警戒水位以下。7 月 22 日 18:00 开始超保证流量(1 200 m³/s),7 月 23 日 23:00 流量减小至保证流量以下。

4.1.1.2 "9·20"洪水

受 9 月 16~19 日大沙河上游连续降雨,特别是 9 月 18 日的暴雨影响,修武水文站出现洪水过程,9 月 18 日 03:00 开始起涨,起涨水位 79.46 m,20 日 14:00 达到洪峰水位 81.95 m,至 19:00 水位开始回落,24 日 14:00 落至 80.05 m。修武水文站"9·20"洪水水位流量过程见图 4-2。

4.1.1.3 "9·26"洪水和"9·28"洪水

9 月 23~26 日大沙河上游又出现降雨,其中 24 日雨量较大,受其影响,修武水文站 9 月 24 日 18:30 开始起涨,起涨水位 80.06 m,25 日 16:00 水位开始超警戒水位,至 26 日 05:00 达到洪峰水位 82.08 m,26 日 09:00 水位开始回落,26 日 23:00 水位落至警戒水位

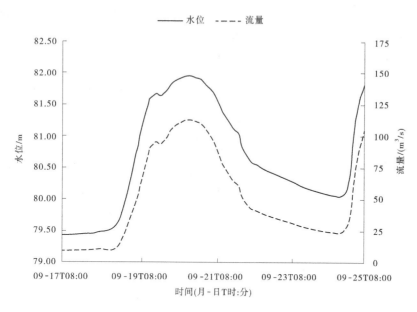

图 4-2　修武水文站"9·20"洪水水位流量过程线

以下,超过警戒水位历时 31 h,28 日 05:00 水位落至 81.51 m,然后重新上涨,28 日 23:00 又复涨至 81.90 m,29 日 08:00 开始回落,至 10 月 18 日 08:00 水位回落至 79.62 m。修武水文站"9·26"洪水和"9·28"洪水水位流量过程见图 4-3。

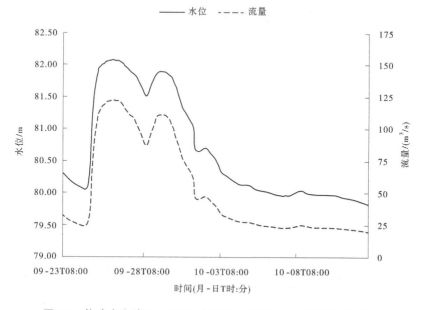

图 4-3　修武水文站"9·26"洪水和"9·28"洪水水位流量过程线

4.1.2　沁河

沁河 2021 年共出现 4 次洪水过程,武陟水文站洪峰流量分别为:7 月 13 日 02:00 洪峰流量 368 m³/s，7 月 23 日 04：00 洪峰流量 1 520 m³/s，9 月 27 日 15：18 洪峰流量 2 000 m³/s，
10 月 8 日 18：00 洪峰流量 1 260 m³/s。其中"7·23"洪水洪峰水位超警戒水位（105.67 m）
0.34 m，"9·27"洪水超警戒水位（105.67 m）0.45 m，均未超保证水位，详见表 4-2。

表 4-2　沁河 2021 年洪水场次统计

序号	武陟水文站			五龙口水文站	
	时间（月-日 T 时：分）	洪峰水位/ m	洪峰流量/ （m³/s）	时间（月-日 T 时：分）	洪峰流量/ （m³/s）
1	07-13T02：00	103.70	369	07-11T19：40	332
2	07-23T04：00	106.01	1 520	07-21T20：00	555
3	09-27T15：18	106.12	2 000	09-27T10：00	1 860
4	10-08T18：00	105.19	1 260	10-07T19：00	1 040

4.1.2.1　"7·13"洪水

　　受 7 月 11 日山西境内特大暴雨影响，沁河干流润城水文站以下出现山洪，润城水文
站 7 月 11 日 16：06 最大流量为 75.0 m³/s，沁河山里泉水文站 7 月 11 日 13：24 洪峰流量
3 800 m³/s。河口村水库 7 月 11 日 08：00 下泄流量 8.72 m³/s，库水位 231.66 m，11 日
16：50 下泄流量调增至 300 m³/s，五龙口水文站 11 日 19：40 最大流量为 332 m³/s；沁河五
龙口水文站以下左岸支流丹河山路平水文站 11 日 15：50 洪峰流量 1 120 m³/s。

　　因前期干旱，河道底水少，洪水传播较慢，沁河武陟水文站 7 月 11 日 06：00 开始起
涨，起涨水位 98.22 m，起涨流量为 2.15 m³/s。至 7 月 13 日 02：00 沁河武陟水文站达到
洪峰水位 103.70 m，12 日 23：00 出现 369 m³/s 的洪峰流量。7 月 19 日 12：00 流量回落
至 30.6 m³/s，水位回落至 99.02 m。武陟水文站"7·13"洪水水位流量过程见图 4-4。

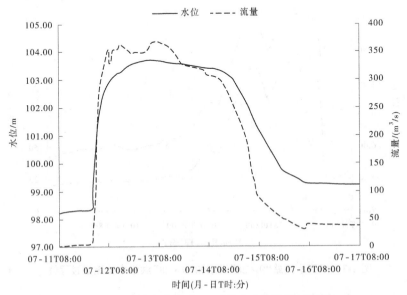

图 4-4　武陟水文站"7·13"洪水水位流量过程线

4.1.2.2　"7·23"洪水

受 7 月 18~22 日连续大暴雨影响,沁河润城水文站 7 月 22 日 14:42 最大流量 371 m³/s,沁河山里泉水文站共出现 2 次洪峰,其中 7 月 19 日 12:36 洪峰流量 1 110 m³/s,7 月 21 日 01:00 洪峰流量 1 830 m³/s。河口村水库 7 月 23 日 15:00 最大下泄流量为 1 020 m³/s,下游五龙口水文站 23 日 16:00 最大流量为 1 030 m³/s;沁河五龙口水文站以下左岸支流丹河山路平水文站 22 日 14:48 洪峰流量 1 090 m³/s。

沁河武陟水文站 7 月 19 日 17:30 开始起涨,起涨水位 99.36 m,起涨流量 62.9 m³/s。7 月 23 日 04:00 沁河武陟水文站洪峰流量为 1 520 m³/s,23 日 04:00 达到洪峰水位 106.01 m。7 月 27 日 20:00 流量回落至 171 m³/s,水位落至 101.88 m。7 月 23 日 00:00 武陟水文站水位超过警戒水位 105.67 m,至 7 月 25 日 04:00 回落至警戒水位以下,历时 52 h。武陟水文站"7·23"洪水水位流量过程见图 4-5。

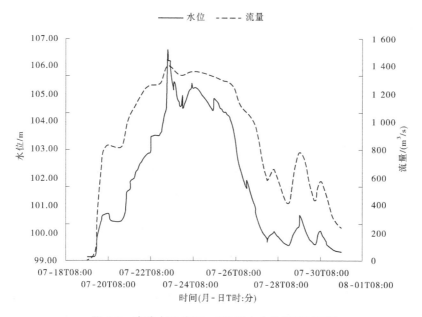

图 4-5　武陟水文站"7·23"洪水水位流量过程线

4.1.2.3　"9·27"洪水

受 9 月 25~26 日连续暴雨影响,沁河润城水文站 9 月 26 日 12:00 洪峰流量 1 520 m³/s,沁河山里泉水文站 9 月 26 日 15:00 洪峰流量 2 210 m³/s。河口村水库 9 月 26 日 20:00 最大下泄流量 1 840 m³/s,下游五龙口水文站 27 日 00:00 最大流量 1 860 m³/s;沁河五龙口水文站以下左岸支流丹河山路平水文站 26 日 11:36 洪峰流量 285 m³/s。河口村水库 9 月 26 日 13:10 开始超兴利水位 275.00 m,至 10 月 3 日 06:30 水位回落至兴利水位以下,期间最高水位出现在 9 月 29 日 23:00,为 279.67 m,超出兴利水位 4.67 m。

沁河武陟水文站受上游河口村水库泄流影响,9 月 17 日 22:30 开始起涨,起涨水位 99.63 m,起涨流量 58.5 m³/s。9 月 27 日 15:18 沁河武陟水文站洪峰流量 2 000 m³/s,洪峰水位 106.12 m。10 月 6 日 20:00 流量回落至 379 m³/s,水位回落至 103.47 m。9 月 27

日 05:24 武陟水文站水位超警戒水位 105.67 m,至 9 月 28 日 14:00 落至警戒水位以下,历时 32.5 h。武陟水文站"9·27"洪水水位流量过程见图 4-6。

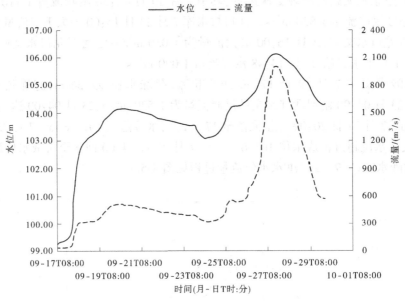

图 4-6　武陟水文站"9·27"洪水水位流量过程线

4.1.2.4　"10·8"洪水

受 10 月上旬沁河上游山西连续暴雨影响,沁河润城水文站 10 月 8 日 04:00 洪峰流量 1 010 m³/s,沁河山里泉水文站 10 月 8 日 04:30 洪峰流量 1 280 m³/s。河口村水库 10 月 7 日 19:00 最大泄量 1 110 m³/s,10 月 6 日 08:30 开始超兴利水位 275.00 m,至 10 月 20 日 09:00 落至兴利水位以下,期间最高水位为 10 月 9 日 18:00 的 279.89 m,超出兴利水位 4.89 m;10 月 22 日 00:30 至 24 日 04:00 水位再次超兴利水位,期间最高为 23 日 10:30 的 277.27 m。下游五龙口水文站 7 日 20:00 最大流量为 1 110 m³/s,并持续至 8 日 12:00;沁河五龙口水文站以下左岸支流丹河山路平水文站 8 日 08:00 流量 58.9 m³/s。

沁河武陟水文站受上游河口村水库泄流影响,10 月 7 日 02:00 开始起涨,起涨水位 103.47 m,起涨流量 379 m³/s。10 月 8 日 18:00 沁河武陟水文站洪峰流量 1 260 m³/s,洪峰水位 105.19 m。10 月 22 日 10:00 流量回落至 97.5 m³/s,水位回落至 100.29 m。武陟水文站"10·8"洪水水位流量过程见图 4-7。

4.1.3　丹河

丹河 2021 年共出现 2 次较大洪水过程,山路平水文站洪峰流量分别为:7 月 11 日 15:50 洪峰流量 1 120 m³/s,7 月 22 日 14:48 洪峰流量 1 090 m³/s。7 月 19 日 11:48 和 9 月 26 日 11:36 分别出现 2 次小的涨水过程,洪峰流量分别为 19 日的 289 m³/s 和 26 日的 285 m³/s,详见表 4-3。

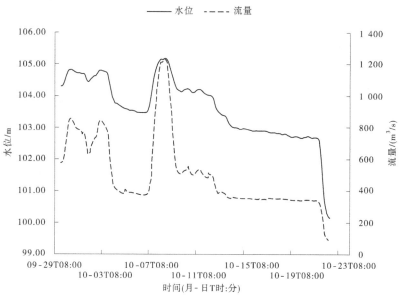

图 4-7　武陟水文站"10·8"洪水水位流量过程线

表 4-3　丹河 2021 年洪水场次统计表

序号	山路平站			
	时间 (月-日 T 时:分)	洪峰水位/m	时间 (时:分)	洪峰流量/(m³/s)
1	07-11T15:50	205.20	15:50	1 120
2	07-19T11:48	202.82	11:48	289
3	07-22T14:48	204.94	14:48	1 090
4	09-26T11:36	202.29	11:36	285

4.1.3.1　"7·11"洪水

受 7 月 11 日晋城境内特大暴雨影响,丹河青天河水库以下支流白水河暴发山洪,因白水河及丹河青天河水库以下无大中型拦蓄水利工程,且源短流急,水流凶猛。丹河山路平水文站水位从 11 日 15:18 的 201.40 m 开始上涨,起涨流量 73.0 m³/s,到 15:50 出现洪峰仅历时 32 min,洪峰水位 205.20 m,洪峰流量 1 120 m³/s。至 11 日 23:36 流量回落至 84.6 m³/s,14 日 17:00 流量回落至 5.10 m³/s。本次洪水青天河水库最大泄流量为 15.2 m³/s,发生在 7 月 11 日 18:00。山路平水文站洪水水位流量过程见图 4-8。

4.1.3.2　"7·22"洪水

受 7 月 18~22 日连续大暴雨影响,丹河再次出现洪水。丹河山路平水文站水位从 20 日 06:00 开始起涨,起涨水位 201.55 m,起涨流量 86.5 m³/s,本次洪水涨势与"7·11"洪水相比相对平缓,至 22 日 14:48 出现洪峰水位 204.94 m,15:12 出现 1 090 m³/s 的洪峰流量。本次洪水青天河水库最大泄流量为 165 m³/s,发生在 7 月 21 日 10:00。山路平水

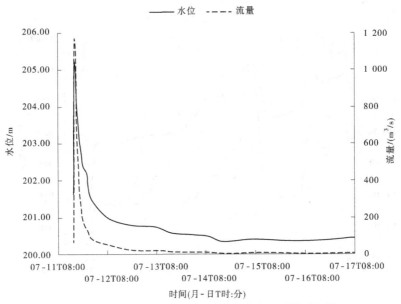

图 4-8　山路平水文站"7·11"洪水水位流量过程线

文站"7·22"洪水水位流量过程见图 4-9。

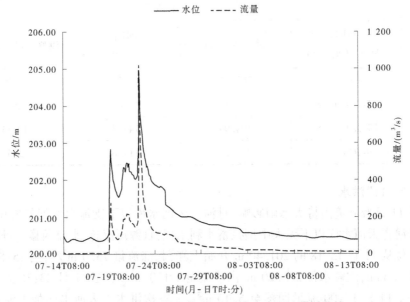

图 4-9　山路平水文站"7·22"洪水水位流量过程线

4.1.4　蟒河

蟒河 2021 年共出现 5 次小的洪水过程,济源水文站洪峰流量分别为:7 月 11 日 14:16 洪峰流量 83.8 m³/s,7 月 21 日 02:40 洪峰流量 270 m³/s,7 月 22 日 20:00 洪峰流量 220 m³/s,9 月 19 日 01:46 洪峰流量 125 m³/s,9 月 24 日 23:10 洪峰流量 134 m³/s,详见表 4-4。

表 4-4　蟒河 2021 年洪水场次统计表

序号	济源站			
	时间 （月-日 T 时:分）	洪峰水位/m	时间 （时:分）	洪峰流量/(m³/s)
1	07-11T14:05	17.38	14:16	83.8
2	07-21T02:40	18.12	02:40	270
3	07-22T20:00	17.89	20:00	220
4	09-19T01:46	17.19	01:46	125
5	09-24T23:00	17.26	23:10	134

4.1.4.1　"7·21"洪水

受 7 月 18~21 日连续暴雨影响,蟒河济源水文站水位从 19 日 9:20 开始起涨,起涨流量 23.7 m³/s,20 日 17:30 流量增大至 235 m³/s,其间流量有所回落,至 21 日 02:40 出现洪峰,洪峰流量为 270 m³/s,21 日 18:00 流量回落至 93.0 m³/s,100 m³/s 以上流量持续约 27 h,22 日 14:00 流量回落至 47.8 m³/s。19 日 8:00 至 22 日 14:00 洪水总量为 2 381 万 m³,济源水文站"7·21"洪水水位流量过程见图 4-10。

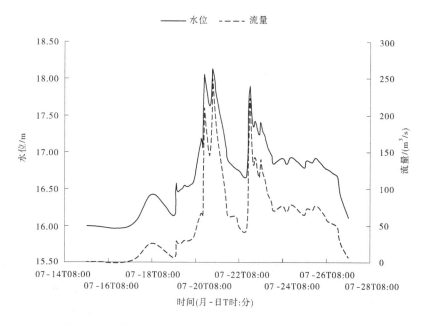

图 4-10　济源水文站"7·21"洪水和"7·22"洪水水位流量过程线

4.1.4.2　"7·22"洪水

受暴雨影响,蟒河济源水文站水位从 22 日 16:00 开始起涨,起涨流量 72.9 m³/s,18:00 流量为 164 m³/s,20:00 出现洪峰,洪峰流量为 220 m³/s,23 日 16:00 流量回落至 98.9 m³/s,100 m³/s 以上流量持续约 22 h,27 日 08:00 流量回落至 10.0 m³/s。22 日

16:00 至 27 日 08:00 洪水总量为 3 122 万 m³,济源"7·22"水文站洪水水位流量过程见图 4-10。

4.2　水库运行调度

全市中型水库在 2021 年汛期中均运行正常,最大入库流量和最大出库流量均出现在马鞍石水库,其最大出库流量为 353 m³/s,最大入库流量为 355 m³/s。马鞍石水库主汛期 7~8 月最高水位 155.28 m,低于汛限水位 0.22 m,后汛期 9 月最高水位 157.64 m,发生在 9 月 19 日。群英水库主汛期 7~8 月最高水位 479.60 m,超汛限水位 6.60 m,最大出库流量 330 m³/s。主汛期青天河水库和白墙水库部分时段超汛限水位,顺涧水库未超汛限水位,见表 4-5。

表 4-5　2021 年中型水库汛期水情洪水特征统计表

水库名称	群英	马鞍石	青天河	白墙	顺涧
主汛期最高水位/m	479.60	155.28	355.11	126.41	150.10
发生日期(月-日)	07-22	07-22	07-22	07-21	09-27
汛限水位/m	473.00	155.50	353.00	124.70	150.50
超汛限水位高度/m	6.60	-0.22	2.11	1.71	-0.40
最大出库流量/(m³/s)	330	353	173	180	0.336
发生日期(月-日)	07-22	07-22	09-27	07-21	07-20
最大入库流量/(m³/s)	332	355	305	326	8.21
发生日期(月-日)	07-22	07-22	07-22	07-21	07-21
6 月 1 日水位/m	464.95	145.83	356.43	124.86	146.78
10 月 1 日水位/m	477.45	155.78	351.28	125.43	150.68
蓄变量/万 m³	486	386	-367	192	395

4.2.1　群英水库

大沙河群英水库 2021 年共出现了 4 次洪水过程,"7·11"暴雨因前期干旱未形成明显洪水过程,"7·20"暴雨形成了群英水库 2021 年最大洪水过程,最大入库流量 332 m³/s,最大出库流量 330 m³/s,其他 3 场暴雨所形成洪水的最大入库流量和最大出库流量均小于 100 m³/s。由群英水库"7·22"洪水水位流量过程线(见图 4-11)可以看出,洪水为复式峰,且渐次加大。7 月 19 日 9 时左右水位开始超过汛限水位,直至 8 月 12 日 8 时水位才回落到汛限水位以下,期间最高水位 479.60 m,超过 1982 年历史最高水位 479.00 m。从 7 月 16 日 08:00 到 8 月 12 日 08:00,洪水总量为 7 145 万 m³。群英水库"7·22"洪水过程见图 4-11。5 场暴雨形成的洪水特征值见表 4-6。

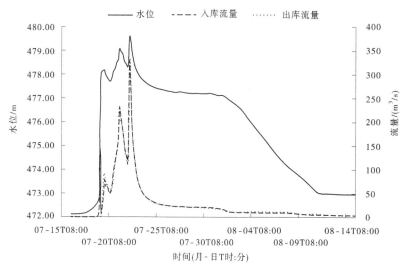

图 4-11　群英水库"7·22"洪水水位流量过程线

表 4-6　群英水库各场次洪水特征值统计表

暴雨场次	"7·11"	"7·20"	"8·30"	"9·18"	"9·24"
开始时间(月-日 T 时:分)	07-10T08:00	07-16T08:00	08-28T08:00	09-16T08:00	09-23T08:00
结束时间(月-日 T 时:分)	07-16T08:00	08-12T08:00	09-08T08:00	09-23T08:00	10-03T08:00
最高水位/m	472.11	479.60	477.50	477.98	478.01
出现时间(月-日 T 时:分)	07-16T08:00	07-22T13:00	09-01T12:00	09-19T16:00	09-25T04:00
水位变幅/m	1.38	7.49	4.53	0.95	0.67
最大出库流量/(m³/s)	0	330	31.0	75.0	77.1
出现时间(月-日 T 时:分)	—	07-22T13:00	09-01T08:00	09-19T16:00	09-25T04:00
最大入库流量/(m³/s)	2.43	332	47.0	74.0	81.2
出现时间(月-日 T 时:分)	07-13T08:00	07-22T13:00	09-01T08:00	09-19T16:00	09-25T04:00
洪水总量/万 m³	51.0	7 145	1 139	1 744	3 544

4.2.2　马鞍石水库

纸坊沟马鞍石水库 2021 年共出现 5 次洪水过程,"7·20"暴雨形成了马鞍石水库 2021 年最大洪水过程,其他 4 场暴雨所形成洪水的最大入库流量和最大出库流量均小于 100 m³/s。由马鞍石水库"7·22"洪水水位流量过程线(见图 4-12)可以看出,洪水为复式峰,7 月 21 日 12:00 入库流量为 333 m³/s,21 日 16:00 水位 154.99 m,出库流量为 299 m³/s;7 月 22 日 11:00 最大入库流量为 355 m³/s,最大出库流量为 353 m³/s,期间最高水位 155.28 m,低于汛限水位 0.22 m。从 7 月 17 日 08:00 至 8 月 3 日 08:00,洪水总量为 5 985 万 m³。后汛期 9 月 19 日 08:00 出现最高水位 157.64 m。5 场暴雨形成的洪水特征值见表 4-7。

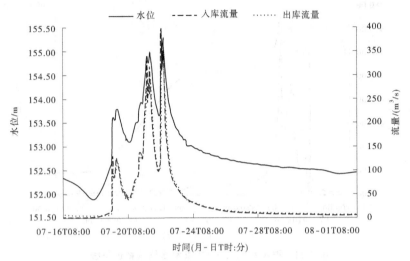

图 4-12　马鞍石水库"7·22"洪水水位流量过程线

表 4-7　马鞍石水库各场次洪水特征值统计表

暴雨场次	"7·11"	"7·20"	"8·30"	"9·18"	"9·24"
开始时间(月-日 T 时:分)	07-11T08:00	07-17T08:00	08-27T08:00	09-17T08:00	09-24T08:00
结束时间(月-日 T 时:分)	07-14T08:00	08-03T08:00	09-05T08:00	09-24T08:00	10-06T08:00
最高水位/m	152.03	155.28	157.08	157.64	156.60
出现时间(月-日 T 时:分)	07-13T08:00	07-22T12:00	09-03T18:00	09-19T08:00	09-25T06:00
水位变幅/m	7.96	3.37	4.91	2.28	2.10
最大出库流量/(m³/s)	0.05	353	6.0	52.0	35.6
出现时间(月-日 T 时:分)	07-11T08:00	07-22T12:00	08-31T23:27	09-19T18:00	09-25T06:00
最大入库流量/(m³/s)	73.9	355	16.0	44.0	55.0
出现时间(月-日 T 时:分)	07-11T17:00	07-22T11:00	09-01T20:00	09-19T12:10	09-25T00:00
洪水总量/万 m³	272	5 985	485.8	675.6	1 455

4.2.3　青天河水库

　　丹河青天河水库 2021 年共出现 5 次洪水过程,"7·20"暴雨形成了青天河水库 2021 年最大洪水过程,最大入库流量为 305 m³/s,"9·24"暴雨形成的最大入库流量为 180 m³/s,其他 3 场暴雨所形成洪水均较小。由洪水水位流量过程线(见图 4-13)可以看出,洪峰流量出现前后流量变化剧烈,主要是受上游任庄水库影响,7 月 22 日 11:00 最大入库流量为 305 m³/s,22 日 15:00 最高水位 355.11 m,7 月 21 日 10:00 本次洪水最大出库流量为 165 m³/s。7 月 19 日 10:00 左右水位开始超过汛限水位 353.00 m,至 7 月 22 日 20:00 水位回落至汛限水位以下。从 7 月 17 日 08:00 至 8 月 8 日 08:00,洪水总量为

1.369 9 亿 m³。5 场暴雨形成的洪水特征值见表4-8。

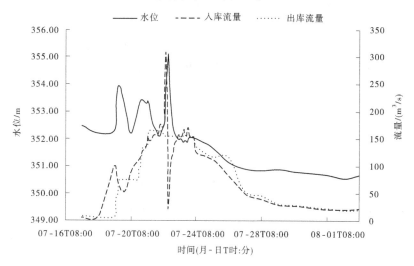

图 4-13　青天河水库"7·22"洪水水位流量过程线

表 4-8　青天河水库各场次洪水特征值统计表

暴雨场次	"7·11"	"7·20"	"8·30"	"9·18"	"9·24"
开始时间(月-日 T 时:分)	07-10T08:00	07-17T08:00	08-27T08:00	09-16T08:00	09-24T08:00
结束时间(月-日 T 时:分)	07-16T08:00	08-08T08:00	09-16T08:00	09-24T08:00	10-11T08:00
最高水位/m	353.07	355.11	352.92	352.64	353.00
出现时间(月-日 T 时:分)	07-11T17:00	07-22T15:00	08-31T23:00	09-20T08:00	09-27T02:00
水位变幅/m	0.35	3.25	2.52	1.59	2.16
最大出库流量/(m³/s)	15.2	165	75.2	95.0	173
出现时间(月-日 T 时:分)	07-11T18:00	07-21T10:00	09-01T08:00	09-20T08:00	09-27T02:00
最大入库流量/(m³/s)	18.3	305	63.0	95.9	180
出现时间(月-日 T 时:分)	07-11T17:00	07-22T11:00	09-01T08:00	09-20T08:00	09-27T02:00
洪水总量/万 m³	502.2	13 699	5 646	3 551	12 110

4.2.4　白墙水库

蟒河白墙水库 2021 年共出现 5 次洪水过程,"7·20"暴雨形成了白墙水库 2021 年最大洪水过程,最大入库流量为 326 m³/s,"7·11""9·18""9·24"3 场暴雨形成的洪水最大入库流量均超过 100 m³/s,仅"8·30"暴雨形成的洪水较小。5 场暴雨形成的洪水特征值见表4-9。

表 4-9　白墙水库各场次洪水特征值统计表

暴雨场次	"7·11"	"7·20"	"8·30"	"9·18"	"9·24"
开始时间(月-日 T 时:分)	07-10T08:00	07-16T08:00	08-27T08:00	09-16T08:00	09-24T08:00
结束时间(月-日 T 时:分)	07-15T08:00	08-07T08:00	09-08T08:00	09-24T08:00	10-11T08:00
最高水位/m	124.83	126.41	125.79	126.35	126.19
出现时间(月-日 T 时:分)	07-11T21:00	07-21T14:00	09-02T06:00	09-20T06:00	09-25T14:00
水位变幅/m	0.02	2.06	0.60	1.19	1.11
最大出库流量/(m³/s)	100	180	80	100	80
出现时间(月-日 T 时:分)	07-11T22:00	07-21T18:00	09-01T18:00	09-19T11:00	09-25T07:00
最大入库流量/(m³/s)	149	326	78.6	139	158
出现时间(月-日 T 时:分)	07-11T21:00	07-21T00:00	09-01T22:00	09-19T11:00	09-25T10:00
洪水总量/万 m³	1 298	8 736	2 590	2 341	4 652

　　由白墙水库"7·22"洪水水位流量过程线(见图 4-14)可以看出,本次洪水为复式洪峰,以第一个洪峰为最大,入库洪峰流量为 326 m³/s,发生在 7 月 21 日 00:00,当时出库通过闸门调控下泄流量为 120 m³/s,削峰率为 63%,至 7 月 21 日 18:00 下泄流量才调大至 180 m³/s,实现了错峰调度,减轻了下游防洪压力。第二个入库洪峰流量为 264 m³/s,发生在 7 月 21 日 09:00,下泄流量 140 m³/s,最大下泄流量 180 m³/s。第三个入库洪峰流量为 256 m³/s,下泄流量 120 m³/s,发生在 7 月 23 日 01:00,期间最大下泄流量 140 m³/s。本次洪水期间最高库水位 126.41 m,低于 1982 年的历史最高水位 129.60 m。7 月 20 日 18:00 左右水位开始超过汛限水位 124.70 m,至 7 月 25 日 13:00 水位回落至汛限水位以下。从 7 月 16 日 08:00 至 8 月 7 日 08:00,洪水总量为 8 736 万 m³。5 场暴雨形成的洪水特征值见表 4-9。

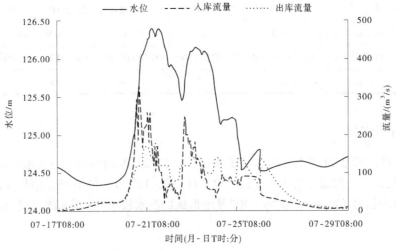

图 4-14　白墙水库"7·22"洪水水位流量过程线

4.2.5　顺涧水库

汶水河顺涧水库 2021 年受暴雨影响相对较小,最大入库流量和最大出库流量均较小,最高水位发生在汛末,为 150.68 m,低于 2011 年的历史最高水位 153.50 m。5 场暴雨形成的洪水特征值见表 4-10。

表 4-10　顺涧水库各场次洪水特征值统计表

暴雨场次	"7·11"	"7·20"	"8·30"	"9·18"	"9·24"
开始时间(月-日 T 时∶分)	07-11T08∶00	07-16T08∶00	08-27T08∶00	09-16T08∶00	09-23T08∶00
结束时间(月-日 T 时∶分)	07-12T08∶00	07-27T08∶00	09-02T08∶00	09-21T08∶00	09-30T08∶00
最高水位/m	144.81	146.81	150.16	150.51	150.68
出现时间(月-日 T 时∶分)	07-12T08∶00	07-26T08∶00	09-02T08∶00	09-20T19∶00	09-27T08∶00
水位变幅/m	0.02	2.25	1.27	0.20	0.11
最大出库流量/(m³/s)	0	0.336	0.243	0.243	0
出现时间(月-日 T 时∶分)		07-20T08∶00	08-27T08∶00	09-18T08∶00	
最大入库流量/(m³/s)	0.12	8.21	8.34	1.89	2.78
出现日期(月-日 T 时∶分)	07-11	07-21	08-30	09-18	09-24
洪水总量/万 m³	1.0	177.5	154.6	24.1	14.0

4.3　巡测站洪水分析

大沙河、沁河、丹河、蟒河等重要河道的巡测站,2021 年都出现 2014 年设站以来最大洪水。2021 年大沙河小尚巡测站最大流量 462 m³/s,沁河伏背站最大流量 1 970 m³/s,丹河闪拐站最大流量 1 481 m³/s,蟒河氾水滩站最大流量 53 m³/s,均为设站以来最大值。

山区河道巡测站如山门河五里堡站、新河杨楼站、白马门河造店站、逍遥石河水北关站、安全河阳华站等也出现了设站以来最大洪水。山门河五里堡断面左岸漫滩行洪,新河杨楼断面受上游洪水影响左右岸均出现积水,逍遥石河水北关巡测站两岸滩地漫滩。

其他中小河流也多次出现洪水过程,多站出现设站以来最大洪水。平原河道蒋沟丰顺店站、猪龙河武桥站、济河北孟迁站等也出现设站以来最大洪水。9 月武桥巡测站断面左右岸滩地均出现积水。

4.3.1　最高水位(流量)分析

各站最大洪水多出现在 7 月,如小尚巡测站、氾水滩巡测站、闪拐巡测站等;部分站受 9 月秋汛影响,最大洪水出现在 9 月,如伏背巡测站、武桥巡测站等。年最高水位和最大流量详见表 4-11。

表 4-11　巡测站最高水位和实测最大流量统计表

序号	河名	站名	最高水位/m	时间 （月-日 T 时:分）	最大流量/（m³/s）	时间 （月-日 T 时:分）
1	大沙河	小尚	130.19	07-21T13:40	462	07-21T13:40
2	沁河	伏背	123.92	09-27T03:00	1 970	09-27T03:00
3	丹河	闪拐	122.70	07-22T17:00	1 481	07-22T17:00
4	蟒河	氾水滩	103.33	07-21T23:30	173	07-21T23:30
5	山门河	五里堡	94.14	07-21T23:00	217	07-21T23:00
6	新河	杨楼	88.21	07-21T12:00	88.6	07-21T12:00
7	蒋沟	丰顺店	97.72	09-25T13:30	55.9	09-25T13:30
8	白马门河	造店	118.86	07-22T12:06	47.7	07-22T12:06
9	安全河	阳华	120.46	07-23T02:06	35.7	07-23T02:06
10	逍遥石河	水北关	121.33	07-21T12:00	80.3	07-21T12:00
11	济河	任庄	114.06	09-25T08:00	29.4	09-25T17:48
12	济河	北孟迁	99.59	07-23T12:54	26.1	09-28T14:57
13	老蟒河	解封	101.92	09-28T15:30	15.6	09-04T13:08
14	猪龙河	武桥	110.77	09-25T21:48	17.8	09-25T21:48

4.3.2　主要巡测站水位过程

4.3.2.1　小尚巡测站

　　大沙河小尚巡测站受上游水库调蓄影响,出现两次较大洪水过程,第一次洪水最高水位出现在 7 月 21 日 13:30,最高水位 130.19 m;第二次洪水最高水位出现在 7 月 22 日 11:12,最高水位 130.18 m,见图 4-15。

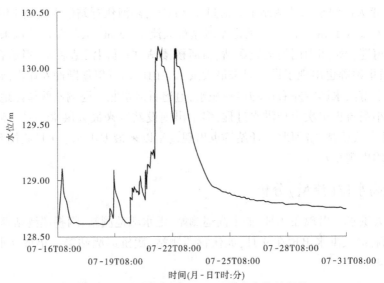

图 4-15　小尚巡测站"7·22"洪水水位过程线

4.3.2.2　伏背巡测站

沁河伏背巡测站最大洪水发生在 9 月 27 日,最高水位 123.92 m,系根据洪水痕迹测量而得到,因洪水泥沙大,自记井淤积未能测得完整水位过程。7 月洪水过程见图 4-16,月内最高水位出现在 7 月 23 日 20:54,最高水位 122.05 m。

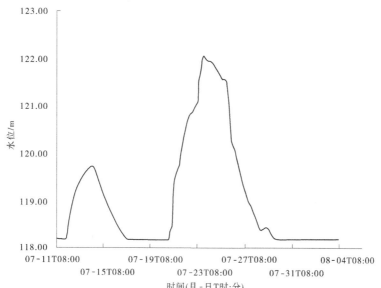

图 4-16　伏背巡测站"7·11"和"7·22"洪水水位过程线

4.3.2.3　闪拐巡测站

丹河闪拐巡测站最大洪水发生在 7 月 22 日,最高水位 122.70 m,本次洪水水位过程持续时间长,峰形偏胖(见图 4-17)。本站次大洪水发生在 7 月 11 日,最高水位 122.50 m,因前期干旱,且系短历时暴雨,造成洪水过程持续时间短,峰形尖瘦(见图 4-18)。

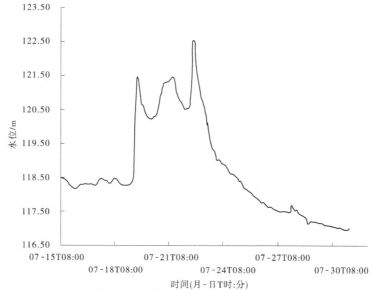

图 4-17　闪拐巡测站"7·22"洪水水位过程线

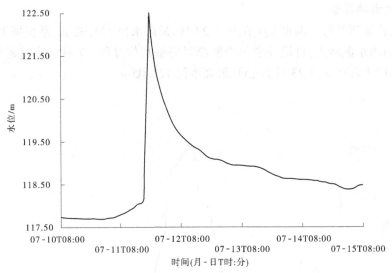

图 4-18　闪拐巡测站"7·11"洪水水位过程线

4.3.2.4　氾水滩巡测站

蟒河氾水滩巡测站最大洪水发生在 7 月 21 日,最高水位 103.33 m,本次洪水水位过程持续时间长,峰形偏胖(见图 4-19)。

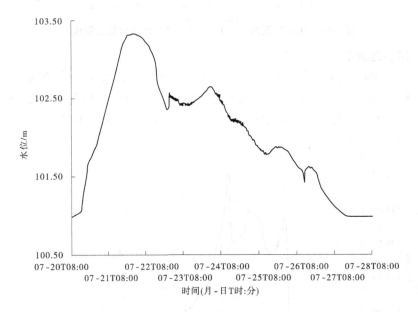

图 4-19　氾水滩巡测站"7·21"洪水水位过程线

4.3.2.5　杨楼巡测站

新河杨楼巡测站最大洪水发生在 7 月 22 日,最高水位 88.21 m,受上游洪水影响,从7 月 23 日水位才逐步回落(见图 4-20)。

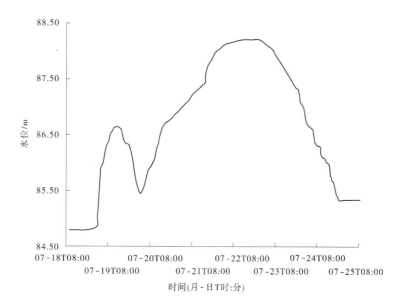

图 4-20　杨楼巡测站"7·22"洪水水位过程线

4.3.2.6　水北关巡测站

逍遥石河水北关巡测站最大洪水发生在 7 月 21 日,最高水位 121.33 m(见图 4-21)。

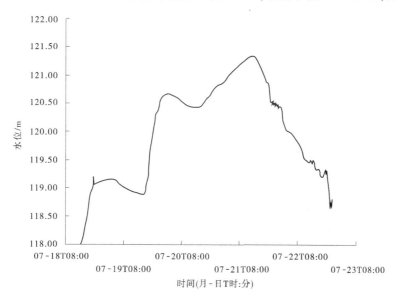

图 4-21　水北关巡测站"7·20"洪水水位过程线

4.3.2.7　任庄巡测站

济河任庄巡测站最大洪水出现在 9 月 25 日,最高水位 114.06 m(见图 4-22);7 月最大洪水出现在 7 月 21 日,最高水位 113.90 m(见图 4-23)。

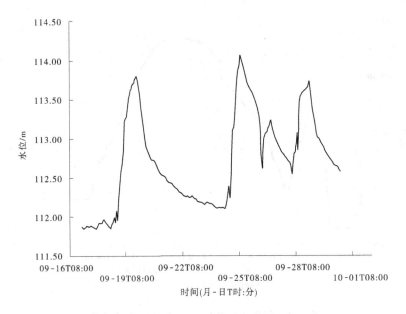

图 4-22　任庄巡测站"9·25"洪水水位过程线

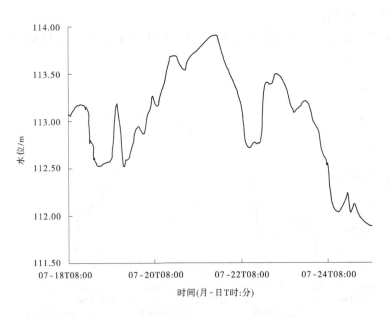

图 4-23　任庄巡测站"7·21"洪水水位过程线

4.3.2.8　北孟迁巡测站

济河北孟迁巡测站最大洪水出现在 7 月 23 日,最高水位 99.59 m(见图 4-24)。

4.3.2.9　武桥巡测站

猪龙河武桥巡测站最大洪水出现在 9 月 25 日,最高水位 110.77 m;7 月最大洪水出现在 7 月 21 日,最高水位 110.35 m(见图 4-25)。

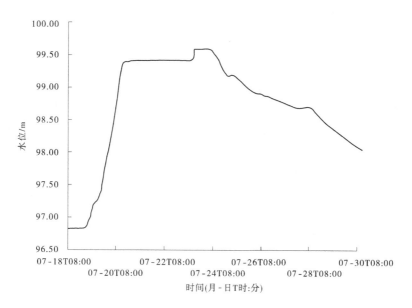

图 4-24 北孟迁巡测站"7·23"洪水水位过程线

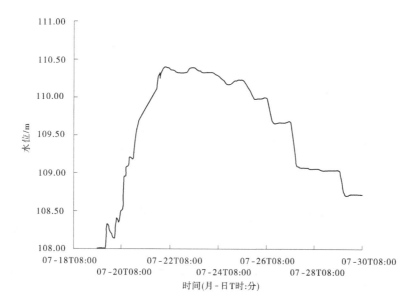

图 4-25 武桥巡测站"7·21"洪水水位过程线

4.3.3 巡测成果

各巡测站部分实测流量成果见表 4-12。

表 4-12　各巡站部分实测流量成果表

站名	施测号数	施测平均时间 月	施测平均时间 日	平均时间（时:分）	测验方法	基本水尺水位/m	流量/(m³/s)	断面面积/m²	流速/(m/s) 平均	流速/(m/s) 最大	水面宽/m	水深/m 平均	水深/m 最大
小尚	1	7	21	07:40	电波	129.26	15.8	10.6	1.49	2.11	49.3	0.22	0.37
	2	7	21	09:12	电波	129.56	102	53.3	1.91	3.16	59.1	0.90	2.50
	3	7	21	10:00	电波	130.03	382	159	2.40	3.75	76.2	2.09	4.34
	4	7	21	11:03	电波	130.08	414	169	2.45	5.35	76.5	2.21	4.50
	5	7	21	12:00	电波	130.07	435	164	2.65	5.53	76.5	2.14	4.40
	6	7	21	13:13	电波	130.15	403	163	2.47	4.46	76.3	2.13	4.14
	7	7	21	13:50	电波	130.15	394	163	2.42	4.80	76.3	2.14	4.14
	8	7	21	19:25	电波	130.02	439	153	2.87	4.23	76.2	2.01	3.39
	9	7	22	19:18	电波	129.95	386	108	3.57	5.52	64.6	1.67	3.68
	10	9	25	08:34	ADCP	129.16	39.7	22.1	1.80	2.66	19.7	1.12	2.01
伏背	1	7	13	11:55	ADCP	119.48	283	345	0.82	1.85	81.6	4.24	6.14
	2	7	23	10:29	电波	121.17	1 048	843	1.24	2.09	120	7.02	12.4
	3			10:50	电波	121.35	1 084	867	1.25	1.97	121	7.14	12.6
	4	7	24	11:30	电波	121.55	1 151	860	1.34	1.90	122	7.07	12.3
	5			13:16	电波	121.77	1 129	899	1.26	1.97	122	7.37	12.6
	6			17:36	ADCP	121.87	859	872	0.99	1.98	125	7.03	12.8
	7	10	20	11:52	ADCP	118.81	319	567	0.57	1.82	155	3.67	8.86
闫拐	1	7	12	12:42	电波	119.39	50.3	50.0	1.01	1.17	30.0	1.67	2.93
	2	7	19	10:27	电波	119.53	117	96.8	1.21	1.96	94.4	1.03	3.26
	3			11:12	电波	120.07	267	179	1.49	2.32	143	1.25	3.81
	4			16:14	电波	120.07	556	340	1.64	2.47	160	2.12	5.00
	5			17:10	电波	121.11	465	315	1.48	2.07	158	1.99	4.84

续表 4-12

站名	施测号数	施测平均时间 月	施测平均时间 日	平均时间(时:分)	测验方法	基本水尺水位/m	流量/(m³/s)	断面面积/m²	流速/(m/s) 平均	流速/(m/s) 最大	水面宽/m	水深/m 平均	水深/m 最大
闪拐	6	7		18:00	电波	120.97	430	312	1.38	2.24	156	2.00	4.70
	7	7	20	16:48	ADCP	120.50	186	187	1.00	2.80	120	1.57	4.36
	8	7	21	13:39	ADCP	121.45	449	329	1.37	2.76	144	2.28	5.31
	9	7	22	15:52	电波	122.66	1 387	575	2.41	3.35	178	3.23	6.39
	10			17:00	电波	122.70	1 481	582	2.54	3.80	182	3.20	6.43
	11			18:00	电波	122.40	1 120	487	2.30	3.74	155	3.13	6.13
	12		23	15:00	电波	119.36	214	83.8	2.55	3.85	62.5	1.34	3.10
	14	8	31	12:00	ADCP	119.48	107	73.1	1.47	2.34	31.7	2.31	3.66
汜水滩	1	7	12	09:08	ADCP	101.45	72.6	68.6	1.06	1.79	39.7	1.73	2.55
	2	7	22	12:18	电波	103.14	113	268	0.42	0.64	216	1.24	2.94
	3	7	24	19:42	ADCP	102.26	132	144	0.92	1.84	39.2	3.67	5.75
	5	9	19	14:08	ADCP	101.65	88.4	104	0.84	1.56	37.8	2.77	3.78
	6	9	25	15:51	ADCP	101.72	85.6	113	0.76	1.29	41.0	2.76	3.72
	7	9	28	16:26	ADCP	101.75	88.5	130	0.68	1.52	41.6	3.11	4.35
五里堡	3	7	11	18:22	电波	90.85	10.1	5.74	1.76	3.13	14.2	0.4	0.72
	4	7	20	10:40	电波	91.29	19.5	19.2	1.02	1.60	21.5	0.89	1.24
	5	7	21	16:23	电波	93.17	145	60.3	2.40	3.47	26.3	2.29	3.07
杨楼	1	7	11	19:03	电波	86.01	33.5	29.9	1.12	1.91	16.3	1.83	2.44
	2	7	19	9:46	ADCP	86.52	42.4	38.1	1.12	1.82	17.3	2.21	3.21
	3			10:55	ADCP	86.58	45.4	40.3	1.13	1.94	17.9	2.25	3.27
	4			13:14	ADCP	86.64	47.1	41.2	1.14	1.93	18.2	2.26	3.40
	5	7	20	11:20	电波	86.20	36.6	35.7	1.03	1.46	21.2	1.68	2.73

续表 4-12

站名	施测号数	施测平均时间 月	施测平均时间 日	施测平均时间 平均时间（时:分）	测验方法	基本水尺水位/m	流量/(m³/s)	断面面积/m²	流速/(m/s) 平均	流速/(m/s) 最大	水面宽/m	水深/m 平均	水深/m 最大
杨楼	6			11:40	流速仪	86.24	34.9	35.7	0.98	1.58	21.2	1.68	2.73
	7		21	15:37	电波	87.45	69.4	60.0	1.16	1.72	22.3	2.69	3.98
	9	8	31	13:38	电波	85.12	12.6	16.1	0.78	1.17	14.4	1.12	1.55
	10			15:06	电波	85.02	11.0	14.9	0.74	1.12	14.0	1.06	1.45
	11	9	25	10:23	电波	86.37	31.2	38.4	0.81	1.14	21.4	1.79	2.86
丰顺店	2	9	3	10:19	ADCP	95.63	11.2	29.5	0.38	0.67	20.7	1.43	1.92
	3	9	19	10:46	ADCP	96.74	41.9	63.9	0.66	1.14	28.0	2.28	3.20
	4	9	25	13:33	ADCP	97.72	55.9	73.7	0.76	1.32	26.1	2.83	4.02
	5	9	28	13:45	ADCP	96.94	51.2	70.1	0.73	1.21	28.8	2.43	3.30
造店	1	7	11	16:28	ADCP	118.03	12.8	19.0	0.67	1.22	11.9	1.60	2.42
	2	7	19	07:08	电波	118.54	33.6	19.1	1.76	2.85	25.0	0.76	1.68
	3			08:23	电波	118.24	21.0	15.2	1.38	2.13	23.0	0.66	1.38
	4	7	20	13:45	电波	118.37	22.1	15.9	1.39	1.85	24.0	0.66	1.47
阳华	2	7	20	18:38	ADCP	120.40	33.6	31.4	1.07	1.37	19.9	1.58	2.41
	3	9	19	16:40	电波	120.01	21.9	17.2	1.27	1.67	14.0	1.23	1.73
	4	9	27	17:35	电波	119.88	18.2	15.3	1.19	1.66	13.8	1.11	1.61
水北关	1	7	20	17:56	ADCP	120.56	32.3	26.7	1.22	2.14	19.0	1.41	2.44
	2			19:08	ADCP	120.64	36.2	26.5	1.37	2.27	17.6	1.51	2.46
	3	7	21	19:23	ADCP	120.88	57.3	35.3	1.63	3.01	24.6	1.43	2.63
任庄	1	9	4	10:17	电波	112.74	11.8	14.3	0.83	1.13	12.1	1.18	1.52
	2	9	25	17:49	ADCP	113.57	29.4	26.2	1.12	1.67	14.5	1.81	2.90
	3	9	27	14:26	ADCP	112.64	9.17	11.9	0.77	1.05	11.5	1.03	1.45
	4	10	20	13:59	电波	111.91	2.74	4.24	0.65	0.90	10.4	0.41	0.50

续表 4-12

| 站名 | 施测号数 | 施测平均时间 | | 测验方法 | 基本水尺水位/m | 流量/(m³/s) | 断面面积/m² | 流速/(m/s) | | 水面宽/m | 水深/m | |
		月	日	平均时间(时:分)					平均	最大		平均	最大
北孟迁	1	7	20	12:35	ADCP	99.22	14.5	85.8	0.17	0.36	31.1	2.77	3.70
	2			12:37	ADCP	99.22	14.1	83.6	0.17	0.36	30.7	2.73	3.69
	4	9	19	11:52	ADCP	99.47	22.5	108	0.21	0.35	34.6	3.11	4.56
	5	9	28	14:57	ADCP	99.46	26.1	111	0.24	0.39	37.4	2.96	4.47
解封	2	9	4	13:08	电波	101.61	15.6	33.4	0.47	0.94	25.2	1.33	2.30
	3	9	19	13:22	ADCP	101.41	4.18	30.4	0.14	0.34	23.9	1.28	1.97
	4	9	28	15:35	ADCP	101.92	6.74	34.2	0.20	0.41	26.9	1.27	2.09
武桥	1	9	4	11:20	电波	109.76	5.24	8.46	0.62	0.81	13.0	0.65	1.47
	2	9	19	15:25	ADCP	110.24	10.4	21.9	0.48	0.81	17.1	1.28	2.21
	3	9	25	16:47	ADCP	110.67	16.8	30.3	0.56	1.18	17.4	1.75	2.28

4.4　灾　情

7月中旬的暴雨洪水,导致全市 11 个县(市、区)110 个乡(镇)共 74.45 万人受灾。至 8 月 30 日,洪涝灾害期间全市受灾工业企业共 709 家,经济损失达 19.6 亿元。

据统计,全市农田损毁面积 20.42 万亩,其中:已建高标准农田损毁面积 16.32 万亩,非高标准农田损毁面积 4.1 万亩。损毁机电井 1 120 眼、输配电设施 409 处、田间道路 87.29 km、桥涵 203 座、沟渠 78.97 km;2 052 家养殖场(户)受灾,冲毁畜禽圈舍、养殖棚等 56.35 万 m^2;全市渔业养殖基地受灾面积 7 381.54 亩,其中水库面积 3 173 亩。

全市农作物受灾面积 93.719 万亩,成灾面积 56.899 万亩,绝收 26.892 万亩;死亡畜禽共计 145.78 万只(头、箱);全市渔业养殖基地损失水产品 1 806.57 t,其中苗种 88.46 t。

第 5 章　　与历史洪水比较

5.1　与历史洪水比较

5.1.1　大沙河

大沙河修武水文站历史最大洪水发生在 1963 年,最高水位为 83.02 m,最大流量为 289 m³/s(实测流量为 124 m³/s,因决口,经洪水调查还原后最大流量为 289 m³/s),最近洪水发生年份分别为 1996 年和 2000 年,详见表 5-1。与历史洪水相比,2021 年最大洪峰流量 510 m³/s,最高水位 83.65 m,最大流量和最高水位均超过 1963 年历史最大(高)值。

表 5-1　修武水文站主要大水年历史洪水统计

排序	水位		流量	
	m	发生日期(年-月-日)	m³/s	发生日期(年-月-日)
1	83.65	2021-07-22	510	2021-07-22
2	83.02	1963-08-09	289	1963-08-09
3	82.61	1964-07-28	203	1964-07-28
4	82.45	1996-08-04	147	1996-08-04
5	82.35	1976-07-20	126	1976-07-20
6	82.19	1966-07-23	121	2000-07-18
7	82.17	2000-07-18	109	1966-07-23

修武水文站历史最大年平均流量为 1964 年的 7.61 m³/s,年径流量为 2.406 亿 m³,2021 年年平均流量为 13.7 m³/s,年径流量为 4.306 亿 m³,是历史最大值的 1.80 倍。修武水文站 7 月历史最大月平均流量为 1964 年的 20.2 m³/s,8 月历史最大月平均流量为 1982 年的 24.6 m³/s,2021 年 7 月平均流量为 55.5 m³/s,超过主汛期 7 月和 8 月的历史最大月平均流量。修武水文站 9 月历史最大月平均流量为 2011 年的 12.4 m³/s,2021 年 9 月平均流量为 47.0 m³/s,超过后汛期 9 月历史最大值。

下游承担行洪任务的合河水文站共产主义渠断面 2021 年最高水位 76.76 m,超过该站 1996 年 8 月 4 日的历史最高洪水位 75.90 m。2021 年最大流量 1 320 m³/s,仅小于 1970 年 8 月 1 日的 1 710 m³/s 和 1963 年 8 月 8 日的 1 350 m³/s。

5.1.2　沁河

沁河武陟水文站于 1969 年 1 月设立,最大洪峰流量 4 130 m³/s,发生在 1982 年,2021

年最大洪峰流量 2 000 m³/s,仅次于 1982 年洪水,排武陟水文站设站以来第 2 位,主要洪水统计见表 5-2。若考虑武陟水文站上游已撤销的小董水文站洪峰流量,1954 年和 1956 年洪水最大洪峰流量(见表 5-3)超过 2021 年,为两站有实测数据以来第 4 位。

表 5-2　武陟水文站主要大水年历史洪水统计

排序	水位		流量	
	m	发生日期(年-月-日)	m³/s	发生日期(年-月-日)
1	108.14	2021-09-27	2 000	2021-09-27
2	108.83	1982-08-02	4 130	1982-08-02
3	107.38	1996-08-03	1 670	1971-08-22
4	106.79	1971-08-22	1 420	1996-08-06
5	106.59	1988-08-16	1 030	1988-08-16
6	106.25	2003-10-12	934	1970-08-01
7	106.15	1998-08-22	880	2003-10-12

注:表内水位均为冻结基面。

表 5-3　小董水文站主要大水年历史洪水统计

排序	流量/(m³/s)	发生日期(年-月-日)
1	3 050	1954-08-04
2	2 480	1956-07-31
3	1 960	1953-08-03
4	1 860	1966-07-23
5	1 800	1968-07-22

五龙口水文站于 1951 年 8 月设立,最大洪峰流量 4 240 m³/s,发生在 1982 年;2021 年最大洪峰流量 1 860 m³/s,仅次于 1982 年和 1954 年洪水,排五龙口水文站设站以来第 3 位,主要洪水统计见表 5-4。

表 5-4　五龙口水文站主要大水年历史洪水统计

排序	流量/(m³/s)	发生日期(年-月-日)
1	4 240	1982-08-02
2	2 520	1954-08-04
3	1 860	2021-09-27
4	1 720	1971-08-21
5	1 640	1966-07-23
6	1 520	1958-08-12

5.1.3　丹河

丹河山路平水文站历史最大洪水发生在 1954 年,最大洪峰流量 1 880 m³/s,从 1951 年 9 月设站以来至 1968 年,断面在现断面上下游多次迁移,因此洪峰水位可比性较差。历史上实测流量超过 1 000 m³/s 的洪水有 3 次,超过 500 m³/s 低于 1 000 m³/s 的洪水有 2 次(详见表 5-5),2021 年最大洪峰流量 1 120 m³/s,为 1957 年以来最大洪水,排历史第 4 位。

表 5-5　山路平水文站主要大水年历史洪水统计

排序	水位		流量	
	m	发生日期(年-月-日)	m³/s	发生日期(年-月-日)
1	206.17	1954-08-13	1 880	1954-08-13
2	191.66	1956-07-30	1 570	1956-07-30
3	204.84	1957-07-25	1 320	1957-07-25
4	205.20	2021-07-11	1 120	2021-07-11
5	203.98	1996-08-04	642	1998-08-22
6	203.68	1976-07-20	616	1961-08-14
7	203.22	1966-07-23	496	1966-07-23

注:山路平水文站 1968 年以前断面多次迁移,水位非同一断面数据。

5.1.4　蟒河

蟒河济源水文站于 1960 年 1 月设立,最大洪峰流量 1 280 m³/s,发生在 1982 年;2021 年最大洪峰流量 270 m³/s,洪峰流量相对较小(见表 5-6)。

表 5-6　济源水文站主要大水年历史洪水统计

排序	水位		流量	
	m	发生日期(年-月-日)	m³/s	发生日期(年-月-日)
1	20.97	1982-08-01	1 280	1982-08-01
2	19.81	1976-08-21	812	1976-08-21
3	19.40	1990-08-27	632	1990-08-27
4	19.10	1996-07-31	469	1979-07-12
5	18.96	1983-09-08	461	1983-09-08
6	18.88	2004-07-30	443	1968-07-21

5.2　与防洪标准比较分析

大沙河修武段防洪标准为 20 年一遇,设计洪峰流量为 935 m³/s,实际出现洪峰流量为 510 m³/s,洪峰流量小于设计洪峰流量,主要是由于大沙河左岸滩地承担了洪水调蓄的作用,削减了洪峰流量。

沁河在河口村水库修建后,可将沁河武陟水文站 100 年一遇洪水洪峰流量由 7 110 m³/s 削减到 4 000 m³/s,下游防洪标准由不足 25 年一遇提高至 100 年一遇,可确保沁河武陟水文站发生 4 000 m³/s 及以下洪水时沁河大堤不决口。2021 年河口村水库 7 月 11 日反推最大入库流量达 4 300 m³/s,经河口村水库调控后,最大下泄流量为 300 m³/s,9 月下旬秋汛期间,河口村水库最大下泄流量 1 800 m³/s,下游武陟水文站最大流量 2 000 m³/s,均在防洪标准以内。

丹河规划设计防洪标准为 20 年一遇,设计洪峰流量为 2 062 m³/s,实际现有行洪能力约 1 000 m³/s,山路平站 2021 年最大洪峰流量 1 120 m³/s,略高于现有行洪能力。

蟒河孟州段防洪标准为 20 年一遇,设计洪峰流量 400 m³/s,实际过水能力为 300 m³/s,温县段防洪标准为 20 年一遇,设计洪峰流量 670 m³/s,蟒河上游济源水文站 2021 年最大洪峰流量 270 m³/s,蟒河白墙水库最大入库流量 326 m³/s,最大出库流量 180 m³/s,下泄流量均小于孟州段和温县段防洪标准。

第6章　暴雨洪水对浅层地下水的影响

2021年上半年焦作市各县(市、区)浅层地下水(以下地下水均指浅层地下水)埋深均处于下降趋势,受"7·20"暴雨和秋季暴雨影响,地下水埋深上升明显(见图6-1),地下水埋深相对较小且紧靠太行山的博爱县、修武县、沁阳市和市区,地下水埋深在汛期结束后开始缓慢回落。地下水埋深相对较大的为靠近黄河的武陟县、温县和孟州市,降水对地下水影响时间较长,地下水埋深在2021年年末还处于上升趋势。与年初相比,年末焦作市平原区各县(市、区)地下水埋深都有不同程度的上升,可见2021年降水对地下水的补给作用明显,有效缓解了地下水埋深下降的趋势。

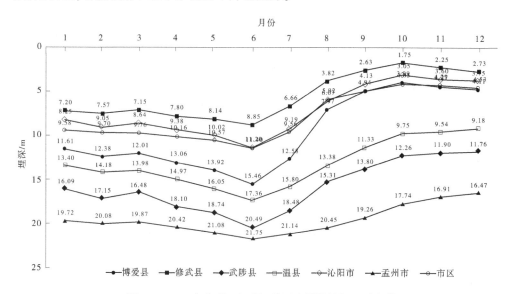

图6-1　2021年各县(市、区)地下水月平均埋深过程线

6.1　地下水动态变化情况

全市"7·20"暴雨和秋季暴雨对地下水影响较大,"7·20"暴雨前后,全市地下水埋深上升了3.32 m,8月末至9月暴雨前后,全市地下水埋深上升了2.44 m,详见表6-1。

6.1.1　"7·20"暴雨前后地下水动态

根据"7·20"暴雨前后各县(市、区)地下水埋深数据(见图6-2),全市平原区地下水埋深与上年同期相比普遍上升,平均上升3.08 m;与近5年同期平均地下水埋深相比,平均上升1.76 m。根据图6-2可知,位于太行山前平原区的博爱县、市区、沁阳市和修武县的地下水埋深变化较为明显,特别是7月20日暴雨后地下水埋深急剧回升,而紧邻黄河的温县、武陟县和孟州市地下水埋深变化较缓,特别是位于焦作西部丘陵区的孟州市埋深变化最缓。

表 6-1　各县(市、区)地下水平均埋深变化

县(市、区)	7月14日至8月4日	8月26日至10月6日
博爱	6.38	2.72
市区	5.28	1.76
孟州	0.95	2.04
沁阳	3.46	2.79
温县	2.01	2.76
武陟	3.20	2.43
修武	4.90	2.44
全市	3.32	2.44

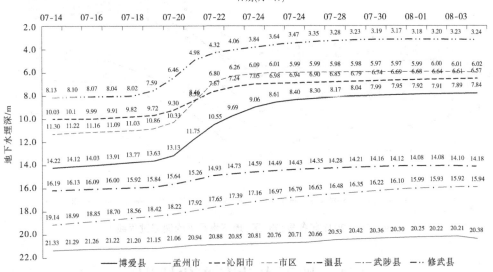

图 6-2　"7·20"暴雨前后各县(市、区)地下水埋深过程线

本次暴雨前后(7月14日至8月4日),地下水埋深变化较为明显,特别是暴雨期前后。全市平原区地下水埋深平均上升3.32 m,其中博爱县上升幅度最大,为6.38 m;其次为市区和修武县,埋深升幅分别为5.28 m 和4.90 m;孟州市和温县地下水埋深上升幅度相对较小,孟州市升幅仅0.95 m,详见表6-2。

表6-2　焦作各县(市、区)地下水埋深变化与降雨量统计表

县(市、区)	7月14日埋深/m	8月4日埋深/m	地下水升幅/m	面雨量/mm
博爱	14.22	7.84	6.38	447.2
市区	11.30	6.02	5.28	499.7
孟州	21.33	20.38	0.95	323.3
沁阳	10.03	6.57	3.46	385.0
温县	16.19	14.18	2.01	359.8
武陟	19.14	15.94	3.20	432.3
修武	8.13	3.24	4.90	617.0
全市	15.59	12.27	3.32	442.7

6.1.2　秋汛前后地下水动态

10月6日全市平原区浅层地下水水位与上年同期相比普遍上升,平均上升4.29 m;与近5年同期平均地下水埋深相比,平均上升3.14 m。根据秋汛前后各县(市、区)地下水埋深数据变化(见图6-3),各县(市、区)地下水埋深变化均较平缓。

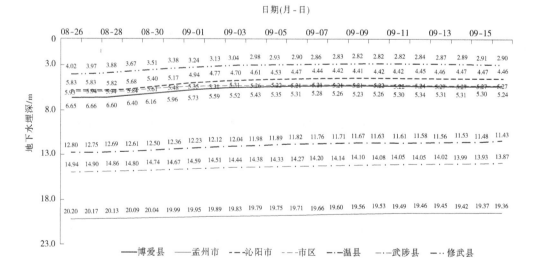

图6-3　秋汛前后各县(市、区)地下水埋深过程线

秋汛前后(8月26日至10月6日),地下水埋深变化较为平缓,与"7·20"暴雨对地下水的影响有明显不同。全市平原区浅层地下水埋深平均上升2.44 m,其中沁阳市上升幅度最大,达2.79 m;其次为博爱县和温县,埋深升幅均大于2.5 m;市区地下水埋深上升幅度最小,升幅为1.76 m,详见表6-3。

表 6-3　焦作各县(市、区)地下水平均埋深变化与降雨量统计表

县(市、区)	8 月 26 日埋深/m	10 月 6 日埋深/m	地下水升幅/m	面雨量/mm
博爱	6.65	3.93	2.72	452.9
市区	5.93	4.18	1.76	454.5
孟州	20.20	18.16	2.04	431.8
沁阳	5.83	3.04	2.79	447.2
温县	12.80	10.04	2.76	416.1
武陟	14.94	12.51	2.43	389.4
修武	4.02	1.58	2.44	452.2
全市	11.60	9.16	2.44	434.9

6.2　"7·20"暴雨对地下水的影响

6.2.1　降雨与地下水埋深变化相关分析

　　浅层地下水受降雨和河流补给影响较大,为分析"7·20"暴雨对地下水的影响,分别以全市平原区、武陟县、博爱县平原区为代表,分析降雨与地下水埋深的相关关系。由于地下水补给相较于降水和地表径流具有较强的滞后性,所以以 8 月 4 日作为暴雨后情况进行对比。

　　焦作市平原区地下水受"7·20"暴雨影响,地下水埋深普遍回升。雨前 7 月 14 日焦作市平原区地下水平均埋深为 15.59 m,受连续降雨影响,地下水埋深不断减小,地下水埋深缓慢上升。随着降雨强度和量级的增大,地下水上升幅度也随之变大,7 月 21 日,全市地下水埋深的升幅达到最大,为 0.69 m。之后随着降水强度和量级的减小,地下水埋深升幅逐渐变小,地下水埋深继续缓慢回升,8 月 4 日焦作市平均地下水埋深为 12.23 m,较 7 月 14 日地下水埋深上升了 3.32 m。焦作市降水量与地下水埋深变化过程见图 6-4。

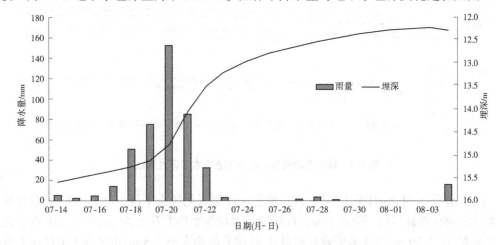

图 6-4　焦作市日降水量与地下水埋深变化过程图

　　7 月 14 日博爱县平原区地下水平均埋深为 14.22 m,在 7 月 22 日,地下水埋深升幅达到最大,为 1.38 m,国豫焦博爱 4 号单站日升幅达到 1.67 m。之后随着暴雨强度的减小,地下水埋深升幅逐渐变小,地下水埋深继续回升,8 月 4 日博爱县平均地下水埋深为 7.84 m,较 7 月 14 日地下水埋深上升了 6.38 m,详见图 6-5。

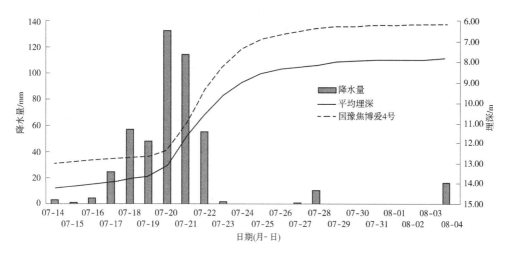

图 6-5　博爱县日降水量与地下水埋深变化过程图

　　7 月 14 日武陟县平原区地下水平均埋深为 19.14 m,8 月 4 日地下水平均埋深为 15.94 m,较 7 月 14 日地下水埋深上升了 3.20 m,见图 6-6。因紧靠黄河,地势平坦,地下水埋深变化较平缓。

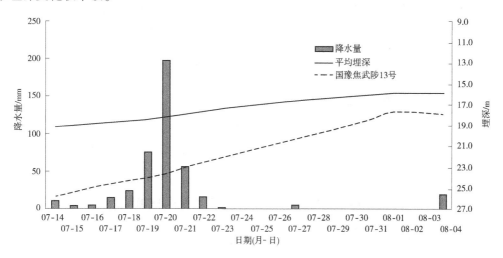

图 6-6　武陟县日降水量与地下水埋深变化过程图

　　由前面焦作市、博爱县及武陟县降水量与地下水埋深变化分析可以得知,降水是地下水埋深变化的主要因素,同时还受地下水侧向补给、地下水埋深、包气带岩性等多种因素影响。

6.2.2　暴雨前地下水埋深

因前期偏旱,暴雨前(7 月 14 日),焦作市平原区地下水埋深小于 13 m 的区域面积为 265.0 km²,仅占平原区总面积的 9.1%;地下水埋深大于 17 m 的区域面积为 908.3 km²,占平原区总面积的 31.3%,详见表 6-4。全市平原区浅层地下水埋深分布见图 6-7。

表 6-4　"7·20"暴雨前地下水埋深情况统计表

埋深范围/m	<13	13~15	15~17	>17	合计
面积/km²	265.0	806.8	923.9	908.3	2 904
占平原区总面积比例/%	9.1	27.8	31.8	31.3	100

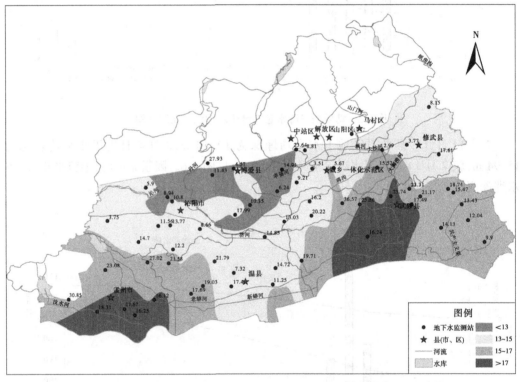

图 6-7　焦作市 7 月 14 日浅层地下水埋深分布图

6.2.3　暴雨后地下水埋深

暴雨后(8 月 4 日),焦作市平原区地下水埋深小于 13 m 的区域面积为 1 623.4 km²,占平原区总面积的 55.9%,增加 46.8%;地下水埋深大于 17 m 的区域面积为 261.0 km²,占平原区总面积的 9.0%,减少 22.3%。由监测数据可知,"7·20"暴雨后,焦作市平原区地下水得到明显补给,地下水埋深回升明显,详见表 6-5。全市平原区浅层地下水埋深分布见图 6-8。

表 6-5　"7·20"暴雨后地下水埋深占比统计表

埋深范围/m	<13	13~15	15~17	>17	合计
面积/km²	1 623.4	493.7	525.8	261.0	2 904
占比/%	55.9	17.0	18.1	9.0	100
面积变化/km²	1 358.4	−313.1	−398.1	−647.3	
变化比例/%	46.8	−10.8	−13.7	−22.3	

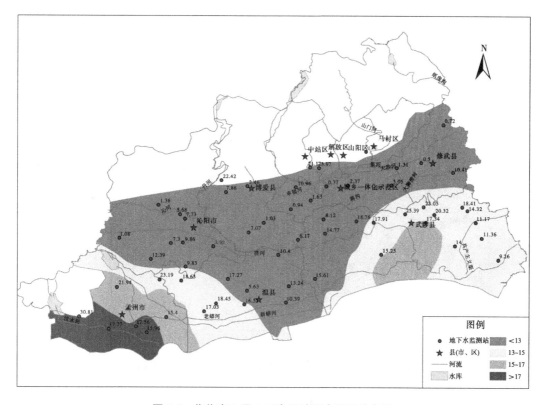

图 6-8　焦作市 8 月 4 日浅层地下水埋深分布图

6.2.4　地下水埋深变化

在暴雨前后的研究时段内(7 月 14 日至 8 月 4 日),焦作市平原区地下水埋深出现不同程度的回升,其中地下水埋深变幅在 2~4 m 的区域面积为 1 010.0 km²,占平原区总面积的 34.9%;地下水埋深变幅在 4~6 m 的区域面积为 877.8 km²,占平原区总面积的 30.2%,详见表 6-6、图 6-9。总体来看,全市平原区地下水埋深上升幅度大部分在 2~6 m,其中博爱县和温县以及武陟西部区域地下水埋深上升比较明显,而孟州市和武陟东部区域由于地下水埋深较大,地下水埋深相对稳定,研究时段内埋深升幅较小。

表 6-6 "7·20"暴雨前后地下水埋深变幅统计表

变幅范围/m	<2	2~4	4~6	>6	合计
面积/km²	750.5	1 010.0	877.8	265.7	2 904
占比/%	25.8	34.9	30.2	9.1	100

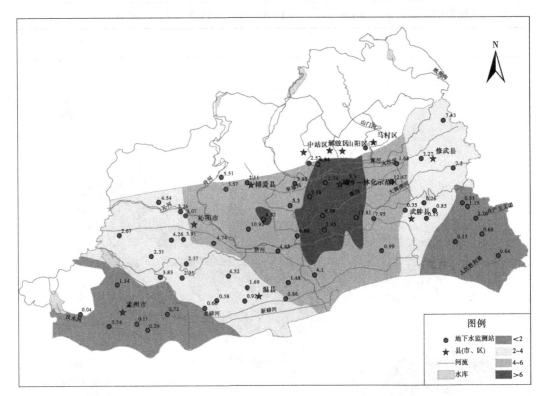

图 6-9 焦作市"7·20"暴雨前后浅层地下水埋深变幅图

6.3 秋汛对地下水的影响

6.3.1 降雨与地下水埋深变化相关分析

秋汛期间焦作市地下水埋深一直呈上升趋势,并且埋深日上升幅度随着暴雨强度的增大而变大。在"8·30"暴雨期间,8 月 30 日焦作地下水埋深日升幅达到 0.14 m;"9·18"暴雨期间,9 月 19 日焦作地下水埋深日升幅达到 0.17 m,"9·24"暴雨期间,9 月25 日焦作地下水埋深升幅达到 0.16 m。之后地下水埋深继续缓慢上升,10 月 6 日,焦作市地下水平均埋深为 9.16 m,较 8 月 26 日地下水埋深上升 2.44 m,详见图 6-10。

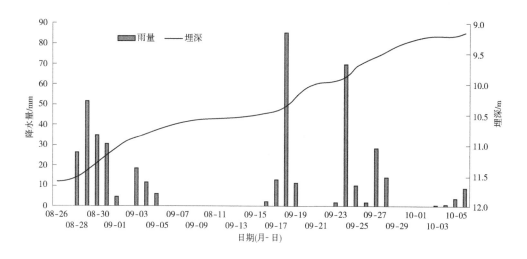

图 6-10　焦作市日降水量与地下水埋深变化过程图

　　8 月 26 日,博爱县平原区地下水平均埋深为 6.65 m,"8·30"暴雨期间,博爱县地下水埋深呈现明显的上升趋势,并在 8 月 30 日单日升幅达到 0.24 m,之后随着降水量的减小,埋深上升趋势逐渐变小,见图 6-11。随着"9·18"暴雨的开始,地下水埋深又呈现明显的上升趋势,在 9 月 19 日单日升幅达到 0.36 m。接着地下水上升幅度逐渐减小,随着"9·24"暴雨的开始,地下水升幅再次变大,埋深上升趋势明显,之后随着降水量减小,地下水上升趋势变缓。在"9·24"暴雨结束后,地下水埋深开始逐渐回落。10 月 6 日博爱县地下水平均埋深为 3.93 m,整个秋汛期间,博爱县地下水埋深平均上升了 2.72 m。

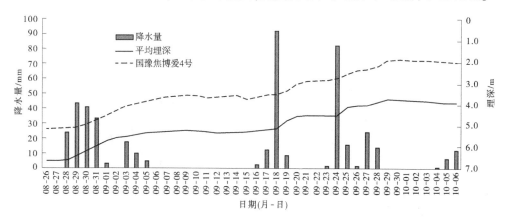

图 6-11　博爱县日降水量与地下水埋深变化过程图

　　8 月 26 日,武陟县地下水平均埋深为 14.94 m,由于地下水埋深较大,降雨补给地下水滞后性较强,受前期雨量和土壤含水量影响,武陟县地下水埋深在秋汛期间一直呈上升趋势,并且上升幅度比较稳定,受暴雨影响较小,见图 6-12。10 月 6 日武陟县地下水平均埋深为 12.51 m,整个秋汛期间,武陟县地下水埋深上升了 2.43 m。

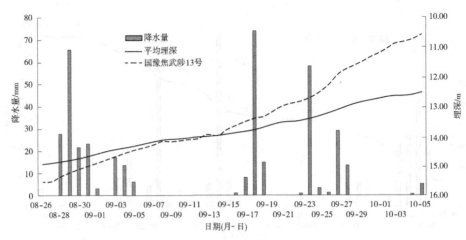

图 6-12　武陟县降水量与地下水埋深相关过程

6.3.2　暴雨前地下水埋深

　　焦作市 8 月 26 日地下水埋深分布见图 6-13、表 6-7。暴雨前(8 月 26 日),焦作市平原区地下水埋深小于 9 m 的区域面积为 1 003.5 km^2,占平原区的 34.6%;地下水埋深范围在 9~12 m 的区域面积为 597.4 km^2,占 20.6%;地下水埋深范围在 12~16 m 的区域面积为 964.7 km^2,占 33.2%;地下水埋深大于 16 m 的区域面积为 338.4 km^2,占 11.6%。

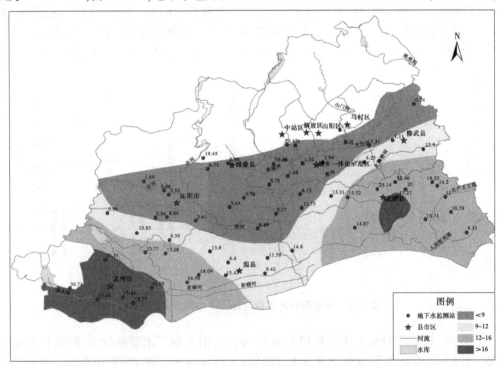

图 6-13　焦作市 8 月 26 日地下水埋深分布图

表 6-7　焦作市 8 月 26 日地下水埋深情况统计表

埋深范围/m	<9	9~12	12~16	>16	合计
面积/km²	1 003.5	597.4	964.7	338.4	2 904
占比/%	34.6	20.6	33.2	11.6	100

6.3.3　暴雨后地下水埋深

焦作市 10 月 6 日地下水埋深见图 6-14、表 6-8。暴雨后(10 月 6 日),焦作市平原区地下水埋深小于 9 m 的区域面积为 1 539.8 km²,占 53.0%;地下水埋深范围在 9~13 m 的区域面积为 702.4 km²,占 24.2%;地下水埋深范围在 13~17 m 的区域面积为 531.9 km²,占 18.3%;地下水埋深大于 17 m 的区域面积为 130.0 km²,占 4.5%。焦作平原区总面积为 2 904 km²。

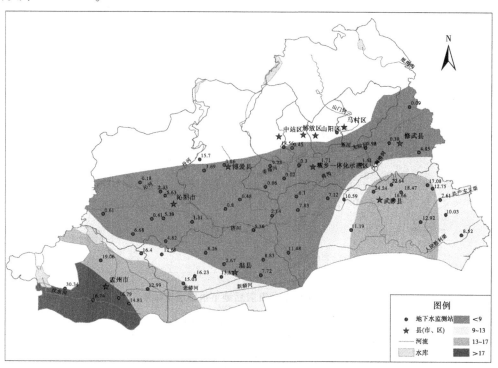

图 6-14　焦作市 10 月 6 日地下水埋深图

表 6-8　焦作市 10 月 6 日地下水埋深统计表

埋深范围/m	<9	9~13	13~17	>17	合计
面积/km²	1 539.8	702.4	531.9	130.0	2 904
占比/%	53.0	24.2	18.3	4.5	100
面积变化/km²	536.3	-61.7	-372.3	-102.2	
比例变化/%	18.4	-2.1	-12.8	-3.5	

6.3.4　地下水埋深变化

焦作市秋汛前后地下水埋深变幅分布见图 6-15、表 6-9。在暴雨前后的研究时段内（8 月 26 日至 10 月 6 日），焦作市平原区地下水水位出现不同程度的回升，其中变幅小于 2 m 的区域面积为 714.3 km²，占 24.6%；地下水埋深变幅在 2～3 m 的区域面积为 1 470.5 km²，占 50.6 %；地下水埋深变幅在 3～3.5 m 的区域面积为 632.5 km²，占 21.8%；地下水埋深变幅大于 3.5 m 的区域面积为 86.8 km²，占 3.0%。

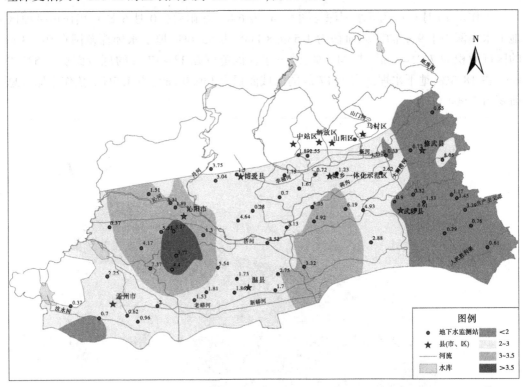

图 6-15　焦作市秋汛前后地下水埋深变幅图

表 6-9　地下水埋深变幅分布

变幅范围/m	<2	2～3	3～3.5	>3.5	合计
面积/km²	714.3	1 470.5	632.5	86.8	2 904
占比/%	24.6	50.6	21.8	3.0	100

第 7 章　经验与建议

在 2021 年暴雨洪水中,焦作市委、市政府在河南省委、省政府的正确领导下,坚持人民至上、生命至上,团结带领全市人民迎难而上、同舟共济、众志成城、连续作战,全力以赴开展防汛抢险救灾,成效显著。坚守防汛工作"金标准",成功处置 140 余处险情,紧急转移安置群众 16.1 万人,确保了黄(沁)河大堤和南水北调中线工程焦作段的安全,确保了人民群众生命财产安全,积累了宝贵的成功经验。

7.1　成功经验

一是领导有力,强化指挥体系建设。优化调整市、县两级防汛抗旱指挥组织架构,组建配强工作专班、人员力量和专家团队。加强防灾减灾信息化平台建设,建立健全应急会商机制,不断完善风险防控、应急资源、监测预警、转移避险"四张图"、应急处置"一张网",着力构建统一指挥、上下联动、反应灵敏、齐抓共管的扁平化防汛指挥体系。在暴雨洪水中,主要领导靠前指挥,加强调度,落实各项预案措施,取得了明显成效。

二是预警及时,优化监测预警机制。持续完善灾害风险综合监测预警系统,密切关注、实时掌握雨情、水情、汛情趋势变化,加强气象灾害、突发事件等预警预报,强化上下级、部门间协同联动,为做好群众转移避险、有序应对汛情灾情等争取工作主动。

三是科学决策,把握防汛抗洪重点。第一是加强河道水库安全度汛工作。加强日常监管巡查,落实"行政、技术、巡查"3 个责任人和"测报、调度、预案"3 个重要方面,突出抓好安全管理,确保河道水库防洪安全。在暴雨洪水期,以主要河流河段为重点,分片分段落实巡堤查险责任,科学决策,严防死守,成功迎战了大沙河历史最大洪水及沁河、丹河的大洪水。第二是增强防御山洪灾害能力。落实好"县、乡、村、组、户"五级责任人,修订完善应急避险预案,强化宣传、培训、演练,提高干部群众防灾避灾意识和自救互救能力。第三是落实好城市防洪工作。对下穿式立交桥、涵洞、地下公共空间等易积水点开展排查,落实应急管理及抢险救援措施,保障城市安全运行。

四是精心备汛,完善应急抢险保障。始终坚持"宁可备而不用、不可用时无备",做好抢险物料、救生器材等防汛物资装备的更新补充,建立健全市县乡储备体系和调运方案,确保应急时刻调得出、运得快、用得上。加快建立以综合性消防救援队伍为主力、专业抢险队伍为骨干、社会力量为辅助的应急救援力量体系,提升基层抢险救援能力,确保关键时刻拉得出、顶得上、打得赢。

7.2　存在不足

虽然在 2021 年历史罕见的暴雨洪水中取得了防汛抗洪抢险救灾的胜利,但也存在部分河道防洪标准低、险工险段多,病险水库、淤地坝风险隐患较大,防汛抗旱工程体系和非工程体系不完善,山洪灾害防御难度大,城市排涝能力不足等问题,暴露出焦作市防汛工作中的短板和不足。

首先是防洪工程体系存在薄弱环节。焦作市除黄河、沁河外,大沙河、丹河、蟒河部分河段未进行系统治理,行洪能力小,堤防薄弱,防洪标准低,不能满足防洪标准要求,难以抗御较大洪水。部分中小河道防洪标准低,河道防洪排涝能力弱,个别河道上下游、左右岸防洪能力不相匹配,存在上游行洪能力大而下游行洪能力小等影响防洪能力的现象。青天河水库被鉴定为三类坝,存在一定的安全风险;5 座排涝闸站老化失修情况较严重;12 座穿沁涵闸在高水位条件下,涵闸土石结合部存在渗水风险,抢险难度大。

其次是防洪非工程体系还有短板弱项。近些年来,结合中小河流治理、山洪灾害防御等项目建设,全市共建成雨量自动监测站 142 处,实现了汛期雨量的自动监测,基本满足防汛抗旱和山洪灾害防御的需求。水文监测站网,全市现有 4 处国家基本站,包含上游基本水文站,实现了对市内大沙河、沁河、丹河、蟒河的监测,达到了对主要河道的覆盖;另有 5 处中型水库和 15 处河道水文巡测站,实现了对主要大、中型河道的监测。但受技术条件等因素限制,主要实现水位自动监测,水位的校正及流量监测数据的获取还依赖人工巡测,且部分站点多位于河道下游,不完全满足预警减灾功能。此外,如白水河、翁涧河、群英河等部分河道、小型水库还存在盲区和空白未设水文站或水位站,也给防汛抗旱和山洪灾害防御带来不便。

最后是预警机制需要加强完善。暴雨预报和暴雨预警运行相对成熟,但暴雨预警的精准度还需加强研究,即不同强度和量级的暴雨、特大暴雨在不同区域所造成危害后果的量化指标还不够精准,预警信息的精准投放及联动机制还需进一步优化。洪水预报的自动化水平需进一步提升,洪水预报的误差还需不断减小。

7.3　建　议

首先要加快防洪工程建设。对有关防洪标准较低的中小河流进行治理,加固堤防,提高行洪和防洪能力。结合暴雨洪水中暴露的行洪能力小,防洪标准低等短板弱项,对大沙河、丹河、新河、山门河等河道进行治理,增强抗洪能力。

其次是完善水文监测站网。结合现有水文站网,在白水河、山门河等河道中上游,建设专用水文站,在暴雨洪水期实时监测水情,为下游防汛及时提供预警。对现有水文监测站网的水位监测设施进行技术升级,对部分站利用雷达水位计和视频监控提高水位监测的监测范围和可靠性。对重要站点安装"北斗"通信系统,保证在汛期公网通信中断时,雨水性信息能及时传递。

最后是强化预警预案机制。持续完善雨情水情监测预警系统,密切关注、实时掌握雨情水情汛情趋势变化,不断提升洪水预报能力,为防范山洪灾害、提前有序应对汛情等争取工作主动。

附　表

附表 1　典型站汛期逐日降水量成果

附表 1-1　大沙河　南岭站汛期逐日降水量

单位:降水量,mm;降水日数、时段,d

日期	6 月	7 月	8 月	9 月
1			3.6	2.4
2		5.8		0.2
3				18.2
4			19.0	4.0
5			0.4	8.0
6				
7	15.4	1.6		
8				
9	15.6			
10	0.4	7.4		
11		83.8		
12	0.6		4.8	
13	3.2		0.2	
14	72.6	0.2	1.0	
15				
16	1.2	1.6		4.6
17	3.8	5.6		11.6
18	0.2	76.2		87.2
19		38.6	5.2	9.0
20		92.2		
21		77.6	2.2	
22		71.8	19.2	8.6
23			6.0	3.2
24	1.6			60.6
25				45.4
26				1.8
27		4.6		17.0
28	19.8	2.2	17.8	12.8
29	0.2		25.8	
30			59.6	
31			38.4	
月统计	总量	134.6	469.2	203.2	294.6
	降水日数	12	14	14	16
	最大日量	72.6	92.2	59.6	87.2
特征值统计	汛期降水量	1 101.6		汛期降水日数	56
	时段	1	3	7	15
	最大降水量	92.2	241.6	363.6	455.0
	开始日期(月-日)	07-20	07-20	07-16	07-10

附表 1-2　大沙河　黄围站汛期逐日降水量

单位:降水量,mm;降水日数、时段,d

日期	6月	7月	8月	9月
1			1.0	4.5
2	1.5	6.5		
3				20.5
4			20.5	4.5
5			1.0	8.0
6				
7	15.0	2.0		
8				
9				
10		12.0		
11		82.5		
12	1.5		4.0	
13	3.5		0.5	
14	103.5			
15				
16	0.5	2.0		5.0
17	4.0	11.5		11.0
18		146.5		102.5
19		48.0	2.5	9.0
20		124.0		
21		75.5	1.5	
22		68.5	30.5	6.0
23		0.5	8.0	3.5
24	0.5			80.0
25				50.0
26				2.0
27				21.0
28	13.5	2.0	23.0	13.5
29			35.0	
30	0.5		64.0	
31			46.0	
月统计	总量	144.0	581.5	237.5	341.0
	降水日数	10	13	13	15
	最大日量	103.5	146.5	64.0	102.5
特征值统计	汛期降水量	1 304.0		汛期降水日数	51
	时段	1	3	7	15
	最大降水量	146.5	318.5	476.0	571.0
	开始日期(月-日)	07-18	07-18	07-16	07-10

附表 1-3　大沙河　玄坛庙站汛期逐日降水量

单位:降水量,mm;降水日数、时段,d

日期		6 月	7 月	8 月	9 月
	1				5.2
	2	13.0	7.4		0.2
	3				20.0
	4			3.0	6.8
	5			1.0	6.4
	6				
	7	7.6	1.0		
	8				
	9				
	10		15.4		
	11		77.4		
	12	0.4		4.2	
	13	4.0		0.2	
	14	61.0			
	15				
	16	0.4	4.4		4.0
	17	3.6	32.4	4.6	13.6
	18		91.8		89.2
	19		31.0	0.6	7.8
	20		126.4		
	21		72.6	1.8	
	22		146.6	28.4	1.8
	23		2.4	5.6	1.8
	24	0.8			86.6
	25	0.2			28.8
	26				2.4
	27				22.8
	28	39.6		23.6	13.4
	29	0.2		40.2	
	30	0.4		56.8	
	31			42.2	
月统计	总量	131.2	608.8	212.2	310.8
	降水日数	12	12	13	16
	最大日量	61.0	146.6	56.8	89.2
特征值统计	汛期降水量	1 263.0		汛期降水日数	53
	时段	1	3	7	15
	最大降水量	146.6	345.6	505.2	600.4
	开始日期(月-日)	07-22	07-20	07-16	07-10

附表 1-4　大沙河　博爱站汛期逐日降水量

单位:降水量,mm;降水日数、时段,d

日期		6月	7月	8月	9月
1					3.2
2		6.2	2.8		
3					16.0
4				21.6	11.2
5					3.6
6					
7		6.0			
8					
9					
10			11.2		
11			57.6		
12		0.6		7.0	
13		1.4			
14		8.6	8.0		
15			0.2		
16			2.0		1.8
17		1.2	28.4		11.4
18			16.0		86.2
19			53.2	0.6	8.2
20			134.6		0.2
21			152.2	2.4	
22			17.8	22.4	
23			0.2		1.2
24					80.0
25					9.8
26					2.4
27					28.8
28		7.0	19.8	26.4	12.8
29		0.2		41.6	0.2
30		0.4		32.0	
31				28.0	
月统计	总量	31.6	504.0	182.0	277.0
	降水日数	9	14	9	16
	最大日量	8.6	152.2	41.6	86.2
特征值统计	汛期降水量	994.6		汛期降水日数	48
	时段	1	3	7	15
	最大降水量	152.2	340.0	404.2	481.4
	开始日期(月-日)	07-21	07-19	07-16	07-10

附表 1-5　大沙河　宁郭站汛期逐日降水量

单位:降水量,mm;降水日数、时段,d

日期	6月	7月	8月	9月
1		0.5		2.5
2		1.5		
3				11.0
4			24.0	13.0
5				5.0
6				
7	3.5		5.0	
8				
9			3.5	
10		11.0		
11		69.0		
12			29.5	
13	1.5			
14	6.5	49.0		
15		2.0		
16		9.0		2.0
17	1.0	12.0		9.0
18		35.0		82.5
19		68.0	0.5	14.0
20		181.5		
21		112.0	1.0	
22		23.0	32.0	
23		0.5		1.0
24	0.5			59.5
25				5.5
26				1.0
27		4.0		25.5
28	5.0		24.5	13.0
29			44.0	
30	3.5		26.5	
31			25.0	

月统计	总量	21.5	578.0	215.5	244.5
	降水日数	7	15	11	14
	最大日量	6.5	181.5	44.0	82.5

特征值统计	汛期降水量	1 059.5		汛期降水日数	47
	时段	1	3	7	15
	最大降水量	181.5	361.5	440.5	572.0
	开始日期(月-日)	07-20	07-19	07-16	07-10

附表 1-6　大沙河　焦作站汛期逐日降水量

单位:降水量,mm;降水日数、时段,d

日期	6月	7月	8月	9月
1		0.4		2.4
2	0.2	1.4		
3				14.6
4			5.8	15.4
5				4.0
6				
7	2.8			
8				
9			36.6	
10		9.2		
11		99.0		
12			14.4	
13	1.4			
14	14.6	6.4	0.4	
15		1.4		
16				2.2
17	1.8	4.0		8.8
18		100.0		97.8
19		75.4		14.0
20		192.2		
21		181.6	1.0	
22		17.2	26.0	
23		2.6	1.0	3.2
24	0.4			77.8
25				6.2
26				1.2
27		0.2		26.6
28	21.4		27.2	12.2
29			37.0	
30	0.8		29.0	
31			26.8	
月统计 总量	43.4	691.0	205.2	286.4
月统计 降水日数	8	14	11	14
月统计 最大日量	21.4	192.2	37.0	97.8
特征值统计 汛期降水量	1 226.0		汛期降水日数	47
特征值统计 时段	1	3	7	15
特征值统计 最大降水量	192.2	449.2	573.0	689.0
特征值统计 开始日期(月-日)	07-20	07-19	07-17	07-10

附表 1-7　山门河　田坪站汛期逐日降水量

单位:降水量,mm;降水日数、时段,d

日期		6 月	7 月	8 月	9 月
1					3.5
2			2.5		
3					16.5
4				8.5	9.5
5					4.0
6					
7		1.0			
8					
9					
10			8.0		
11			127.5		
12			0.5	1.0	
13		2.0			
14		39.6			
15			9.0		
16		0.6			4.0
17		2.6	25.0		9.0
18			133.0		109.5
19			44.5	0.5	12.0
20			151.5		
21			216.0		
22			125.5	28.5	
23			13.0	1.0	2.5
24		0.4			102.0
25					23.0
26					2.5
27			0.5		19.5
28		4.2		26.5	13.0
29				33.0	
30				56.0	
31				28.0	
月统计	总量	50.4	856.5	183.0	330.5
	降水日数	7	13	9	14
	最大日量	39.6	216.0	56.0	109.5
特征值统计	汛期降水量	1 420.4		汛期降水日数	43
	时段	1	3	7	15
	最大降水量	216.0	493.0	708.5	853.5
	开始日期(月-日)	07-21	07-20	07-17	07-10

附表 1-8　山门河　西村站汛期逐日降水量

单位:降水量,mm;降水日数、时段,d

日期		6 月	7 月	8 月	9 月
1			0.6		3.6
2		1.4	2.4		
3					16.6
4				10.6	8.2
5				0.4	3.6
6					
7		4.4			
8					
9				1.0	
10			7.4		
11			107.5		
12				6.0	
13		2.0			
14		37.2			
15			9.2		
16					3.6
17		2.4	8.2	2.4	9.2
18			134.2		106.0
19			56.4	0.6	13.2
20			187.2		
21		0.8	202.6	0.2	
22			129.6	25.4	
23			16.2	2.6	1.6
24		0.4			95.6
25					15.0
26					3.0
27			0.8		21.4
28		24.6		25.2	12.2
29		0.2		31.4	
30				58.2	
31				31.0	
月统计	总量	73.4	862.3	195.0	312.8
	降水日数	9	13	13	14
	最大日量	37.2	202.6	58.2	106.0
特征值统计	汛期降水量	1 443.5		汛期降水日数	49
	时段	1	3	7	15
	最大降水量	202.6	519.4	734.4	858.5
	开始日期(月-日)	07-21	07-20	07-17	07-10

附表 1-9　山门河　孟泉站汛期逐日降水量

单位:降水量,mm;降水日数、时段,d

日期	6月	7月	8月	9月
1				4.2
2		5.2		
3				16.8
4			30.2	7.6
5			0.2	3.8
6				
7	0.6			
8				
9				
10		8.4		
11		95.0		
12			1.4	
13	2.0			
14	35.0		10.4	
15		15.6		
16	0.6	0.2		5.8
17	2.8	11.0		7.8
18		150.2		108.6
19		66.4	1.0	12.2
20		188.4		
21	1.0	233.4	0.2	
22		163.6	20.8	
23		3.2	0.4	2.2
24	0.4			98.6
25				18.8
26				2.8
27		0.2		18.0
28	10.8		25.2	11.6
29			30.8	0.2
30			61.6	
31			29.8	
月统计 总量	53.2	940.8	212.0	319.0
月统计 降水日数	8	13	12	15
月统计 最大日量	35.0	233.4	61.6	108.6
特征值统计 汛期降水量	1 525.0		汛期降水日数	48
特征值统计 时段	1	3	7	15
特征值统计 最大降水量	233.4	585.4	816.2	935.4
特征值统计 开始日期(月-日)	07-21	07-20	07-17	07-10

附表 1-10　大沙河　修武站汛期逐日降水量

单位:降水量,mm;降水日数、时段,d

日期	6月	7月	8月	9月
1		0.8		3.8
2	1.2	1.5		
3				14.9
4			1.7	13.4
5			0.2	4.8
6				
7	0.1			
8				
9			8.1	
10		6.3		
11		75.9		
12			2.0	
13	1.0			
14	23.0	4.8		
15		10.4		
16		0.5		2.4
17	2.3	3.0		6.1
18		83.3		79.1
19		62.8	0.5	18.8
20		196.1		
21		163.1	0.4	
22		17.2	24.5	
23		4.0		2.1
24	0.6			77.9
25				7.2
26				1.4
27		1.0		22.9
28	5.9		29.1	10.7
29			33.9	
30	15.3		28.5	
31			20.1	

月统计	总量	49.4	630.7	149.0	265.5
	降水日数	8	15	11	14
	最大日量	23.0	196.1	33.9	79.1
特征值统计	汛期降水量	1 094.6		汛期降水日数	48
	时段	1	3	7	15
	最大降水量	196.1	422.0	529.5	627.4
	开始日期(月-日)	07-20	07-19	07-17	07-10

附表 1-11　纸坊沟　金岭坡站汛期逐日降水量

单位:降水量,mm;降水日数、时段,d

日期	6月	7月	8月	9月
1		0.4		2.6
2		3.4		
3				19.2
4			37.0	6.2
5			0.4	5.6
6				
7	0.8			
8				
9				
10		10.2		
11		121.8		
12			1.2	
13	3.6		0.2	
14	33.4			
15		14.4		
16	1.0			5.4
17	2.8	11.8		8.6
18		160.4		109.8
19		68.2	1.4	11.6
20		199.0		
21	4.8	266.4	0.2	
22		149.6	20.6	0.2
23			0.2	3.4
24	2.0			102.6
25				23.8
26				2.4
27		0.2		16.4
28	9.2		28.0	12.2
29	0.2		28.6	
30			65.8	
31			29.6	
月统计	总量	57.8	1 005.8	213.2	330.0
	降水日数	9	12	12	15
	最大日量	33.4	266.4	65.8	109.8
特征值统计	汛期降水量	1 606.8		汛期降水日数	48
	时段	1	3	7	15
	最大降水量	266.4	615.0	855.4	1 001.8
	开始日期(月-日)	07-21	07-20	07-17	07-10

附表 2　主要河道洪水过程摘录表

附表 2-1　修武水文站"7·22"洪水水位流量过程摘录

日期(月-日)	时间	水位/m	流量/(m³/s)	日期(月-日)	时间	水位/m	流量/(m³/s)
07-13	08:00	79.12	4.28	07-19	05:20	79.81	18.0
07-13	09:15	79.10	4.00	07-19	05:32	79.86	19.3
07-13	09:31	79.10	4.00	07-19	08:00	80.31	32.2
07-13	09:47	79.10	4.00	07-19	08:16	80.37	34.0
07-13	20:00	79.06	3.47	07-19	08:44	80.43	35.9
07-14	08:00	79.01	2.85	07-19	09:11	80.49	37.8
07-14	20:00	79.03	3.09	07-19	12:47	80.94	52.9
07-15	08:00	79.25	6.23	07-19	13:14	80.97	54.0
07-15	20:00	79.14	4.56	07-19	13:40	81.01	55.4
07-16	08:00	79.12	4.28	07-19	15:50	81.16	61.1
07-16	20:00	79.10	4.00	07-19	15:58	81.17	61.4
07-17	08:00	79.11	4.14	07-19	16:05	81.17	61.4
07-17	20:00	79.12	4.28	07-19	20:00	81.17	61.4
07-18	08:00	79.19	5.30	07-20	08:00	81.18	61.7
07-18	08:23	79.18	5.15	07-20	10:17	81.28	64.9
07-18	08:35	79.17	5.00	07-20	10:30	81.28	64.9
07-18	08:47	79.17	5.00	07-20	10:32	81.29	65.3
07-18	18:00	79.31	7.16	07-20	10:46	81.31	66.1
07-18	20:00	79.50	10.7	07-20	13:15	81.49	74.5
07-19	05:09	79.75	16.5	07-20	13:23	81.50	75.0

续附表 2-1

日期(月-日)	时间	水位/m	流量/(m³/s)	日期(月-日)	时间	水位/m	流量/(m³/s)
07-20	13:30	81.51	75.5	07-21	06:36	82.21	117
07-20	14:00	81.54	77.0	07-21	07:00	82.21	117
07-20	16:00	81.68	84.5	07-21	08:00	82.25	121
07-20	16:10	81.73	87.1	07-21	09:00	82.26	122
07-20	16:18	81.73	87.1	07-21	10:00	82.30	126
07-20	16:25	81.74	87.6	07-21	10:25	82.30	126
07-20	18:00	81.81	91.0	07-21	10:30	82.31	127
07-20	18:50	81.84	92.7	07-21	10:35	82.31	127
07-20	19:03	81.85	93.3	07-21	11:00	82.31	127
07-20	19:15	81.86	93.9	07-21	12:00	82.34	131
07-20	20:00	81.89	95.7	07-21	13:00	82.38	135
07-20	22:00	81.95	100	07-21	14:00	82.41	136
07-20	23:40	82.01	104	07-21	15:00	82.45	140
07-20	23:57	82.02	105	07-21	16:00	82.48	144
07-21	00:00	82.02	105	07-21	17:00	82.53	151
07-21	00:14	82.03	106	07-21	17:20	82.55	153
07-21	01:00	82.04	106	07-21	17:30	82.56	155
07-21	02:00	82.07	108	07-21	17:40	82.57	157
07-21	03:00	82.08	109	07-21	18:00	82.60	161
07-21	04:00	82.12	111	07-21	19:00	82.65	171
07-21	05:00	82.16	114	07-21	20:00	82.72	183
07-21	06:00	82.20	117	07-21	21:00	82.75	186
07-21	06:02	82.20	117	07-21	21:57	82.80	196
07-21	06:19	82.21	117	07-21	22:00	82.80	196

续附表 2-1

日期(月-日)	时间	水位/m	流量/(m³/s)	日期(月-日)	时间	水位/m	流量/(m³/s)
07-21	22:12	82.81	198	07-22	14:29	83.51	410
07-21	22:26	82.82	200	07-22	14:44	83.52	415
07-21	23:00	82.84	205	07-22	15:00	83.52	415
07-22	00:00	82.92	223	07-22	16:00	83.56	435
07-22	01:00	83.00	242	07-22	17:00	83.62	470
07-22	02:00	83.13	275	07-22	18:00	83.65	510
07-22	03:00	83.18	292	07-22	18:28	83.65	510
07-22	03:06	83.18	292	07-22	18:46	83.65	510
07-22	03:20	83.20	298	07-22	19:00	83.65	510
07-22	03:33	83.23	308	07-22	19:04	83.65	510
07-22	04:00	83.25	313	07-22	20:00	83.64	510
07-22	05:00	83.27	320	07-22	21:00	83.64	510
07-22	06:00	83.31	335	07-22	22:00	83.64	510
07-22	06:54	83.34	347	07-22	23:00	83.64	510
07-22	07:00	83.34	347	07-23	00:00	83.64	510
07-22	07:18	83.34	347	07-23	01:00	83.62	507
07-22	07:43	83.34	347	07-23	02:00	83.58	497
07-22	08:00	83.34	347	07-23	03:00	83.55	485
07-22	09:00	83.35	351	07-23	03:44	83.53	478
07-22	10:00	83.35	351	07-23	04:00	83.53	478
07-22	11:00	83.35	351	07-23	04:04	83.53	478
07-22	12:00	83.37	357	07-23	04:25	83.53	478
07-22	13:00	83.40	368	07-23	05:00	83.52	475
07-22	14:00	83.45	387	07-23	06:00	83.48	461

续附表 2-1

日期(月-日)	时间	水位/m	流量/(m³/s)	日期(月-日)	时间	水位/m	流量/(m³/s)
07-23	07:00	83.45	450	07-23	23:00	83.00	290
07-23	08:00	83.43	443	07-24	00:00	82.98	282
07-23	09:00	83.40	431	07-24	01:00	82.95	271
07-23	10:00	83.38	422	07-24	02:00	82.93	264
07-23	10:41	83.36	415	07-24	03:00	82.90	257
07-23	11:00	83.34	407	07-24	03:35	82.88	251
07-23	11:06	83.34	407	07-24	03:54	82.87	248
07-23	11:30	83.33	404	07-24	04:00	82.87	248
07-23	12:00	83.31	396	07-24	04:14	82.87	248
07-23	13:00	83.28	386	07-24	05:00	82.86	245
07-23	14:00	83.26	379	07-24	06:00	82.84	239
07-23	15:00	83.20	360	07-24	07:00	82.82	234
07-23	15:22	83.18	353	07-24	08:00	82.80	228
07-23	15:45	83.16	346	07-24	09:00	82.79	225
07-23	16:00	83.15	343	07-24	10:00	82.76	217
07-23	17:00	83.13	336	07-24	11:00	82.75	215
07-23	18:00	83.10	325	07-24	12:00	82.73	209
07-23	19:00	83.08	318	07-24	13:00	82.72	207
07-23	19:47	83.09	322	07-24	14:00	82.71	204
07-23	20:00	83.09	322	07-24	15:00	82.70	202
07-23	20:06	83.08	318	07-24	15:40	82.68	196
07-23	20:26	83.07	314	07-24	16:10	82.67	194
07-23	21:00	83.03	301	07-24	16:40	82.67	194
07-23	22:00	83.01	294	07-24	17:00	82.67	194

续附表 2-1

日期(月-日)	时间	水位/m	流量/(m³/s)	日期(月-日)	时间	水位/m	流量/(m³/s)
07-24	18:00	82.65	189	07-25	16:00	82.29	125
07-24	19:00	82.64	187	07-25	18:00	82.23	119
07-24	20:00	82.63	184	07-25	19:35	82.15	114
07-24	21:00	82.62	182	07-25	19:43	82.15	114
07-24	22:00	82.61	179	07-25	19:50	82.15	114
07-24	23:00	82.60	177	07-25	20:00	82.15	114
07-25	00:00	82.60	177	07-25	22:00	82.07	108
07-25	01:00	82.59	174	07-26	00:00	81.97	102
07-25	02:00	82.58	172	07-26	02:00	81.88	95.1
07-25	03:00	82.56	168	07-26	04:00	81.78	89.7
07-25	04:00	82.55	166	07-26	06:00	81.68	84.5
07-25	05:00	82.54	164	07-26	08:00	81.59	79.6
07-25	06:00	82.52	161	07-26	10:00	81.52	76.0
07-25	07:00	82.50	157	07-26	10:05	81.52	76.0
07-25	07:07	82.50	157	07-26	10:10	81.51	75.5
07-25	07:35	82.49	155	07-26	12:00	81.45	72.6
07-25	08:00	82.49	155	07-26	20:00	81.23	63.2
07-25	08:03	82.49	155	07-27	08:00	80.93	52.6
07-25	10:00	82.45	147	07-27	19:05	80.72	45.4
07-25	12:00	82.41	140	07-27	19:10	80.72	45.4
07-25	13:50	82.37	135	07-27	19:15	80.72	45.4
07-25	13:55	82.36	134	07-27	20:00	80.71	45.1
07-25	14:00	82.36	134	07-28	08:00	80.52	38.8
07-25	14:05	82.36	134	07-28	20:00	80.50	38.1

续附表 2-1

日期(月-日)	时间	水位/m	流量/(m³/s)	日期(月-日)	时间	水位/m	流量/(m³/s)
07-29	08:00	80.43	35.9	08-06	20:00	79.70	15.3
07-29	20:00	80.27	31.0	08-07	08:00	79.64	13.8
07-30	08:00	80.14	27.1	08-07	20:00	79.59	12.7
07-30	20:00	80.00	23.1	08-08	08:00	79.59	12.7
07-31	08:00	79.91	20.6	08-08	08:05	79.59	12.7
07-31	20:00	79.84	18.8	08-08	08:28	79.59	12.7
08-01	00:00	79.82	18.3	08-08	08:51	79.59	12.7
08-01	08:00	79.77	17.0	08-08	20:00	79.54	11.6
08-01	20:00	79.75	16.5	08-09	08:00	79.53	11.4
08-02	00:00	79.71	15.6	08-09	20:00	79.69	15.1
08-02	08:00	79.68	14.8	08-10	08:00	79.59	12.7
08-02	08:52	79.68	14.8	08-10	20:00	79.50	10.7
08-02	09:16	79.68	14.8	08-11	00:00	79.49	10.5
08-02	09:40	79.68	14.8	08-11	08:00	79.46	9.91
08-02	20:00	79.65	14.1	08-11	20:00	79.44	9.52
08-03	08:00	79.64	13.8	08-12	00:00	79.44	9.52
08-03	10:30	79.63	13.6	08-12	08:00	79.43	9.33
08-03	14:40	79.62	13.4	08-12	20:00	79.42	9.14
08-03	20:00	79.62	13.4	08-13	08:00	79.68	14.8
08-04	08:00	79.53	11.4	08-13	20:00	79.71	15.6
08-04	20:00	79.57	12.2	08-14	08:00	79.61	13.1
08-05	08:00	79.72	15.8	08-14	20:00	79.53	11.4
08-05	20:00	79.80	17.7	08-15	08:00	79.48	10.3
08-06	08:00	79.80	17.7	08-15	20:00	79.41	8.96

附表 2-2　山路平水文站"7·11"洪水和"7·22"洪水水位流量过程摘录表

日期(月-日)	时间	水位/m	流量/(m³/s)	日期(月-日)	时间	水位/m	流量/(m³/s)
07-11	15:16	199.80	0	07-12	20:00	200.79	24.9
07-11	15:18	201.40	73.0	07-13	08:00	200.74	22.3
07-11	15:24	203.48	439	07-13	20:00	200.55	12.9
07-11	15:30	204.00	660	07-14	08:00	200.49	10.2
07-11	15:36	204.52	837	07-14	20:00	200.35	5.55
07-11	15:42	204.90	994	07-15	08:00	200.40	6.82
07-11	15:48	205.18	1 110	07-16	08:00	200.36	6.40
07-11	15:50	205.20	1 120	07-17	08:00	200.44	8.26
07-11	16:00	205.20	1 120	07-18	08:00	200.34	5.32
07-11	16:36	205.20	1 120	07-19	06:00	200.53	12.0
07-11	16:42	205.19	1 120	07-19	07:06	201.56	87.4
07-11	16:48	204.62	878	07-19	08:00	201.86	118
07-11	16:54	204.10	666	07-19	09:30	201.86	118
07-11	17:00	203.93	599	07-19	10:36	202.36	197
07-11	17:12	203.56	465	07-19	11:36	202.73	268
07-11	17:24	203.40	413	07-19	12:00	202.82	289
07-11	18:00	203.22	360	07-19	13:00	202.68	257
07-11	19:00	203.12	333	07-19	14:00	202.42	208
07-11	20:00	202.40	180	07-19	18:48	201.94	129
07-11	22:00	202.22	154	07-19	20:00	201.96	131
07-11	23:00	202.04	132	07-20	00:00	201.70	100
07-12	00:00	201.53	84.6	07-20	02:00	201.67	97.1
07-12	04:00	201.20	55.5	07-20	04:00	201.57	88.3
07-12	08:00	201.00	39.3	07-20	06:00	201.55	86.5

续附表 2-2

日期(月-日)	时间	水位/m	流量/(m³/s)	日期(月-日)	时间	水位/m	流量/(m³/s)
07-20	08:00	201.52	83.7	07-21	19:00	202.15	160
07-20	10:00	201.55	86.5	07-21	20:00	202.15	160
07-20	16:00	201.76	106	07-21	21:00	202.15	165
07-20	17:00	201.96	131	07-21	22:00	202.13	157
07-20	20:00	202.18	166	07-21	23:00	202.14	159
07-20	22:00	202.35	195	07-22	00:00	202.13	162
07-21	00:00	202.35	195	07-22	02:00	202.06	146
07-21	01:00	202.31	188	07-22	04:00	202.04	143
07-21	02:00	202.22	172	07-22	06:00	202.02	140
07-21	04:00	202.40	204	07-22	08:00	202.06	146
07-21	05:00	202.44	211	07-22	10:00	202.10	152
07-21	06:00	202.46	215	07-22	10:54	202.27	181
07-21	07:00	202.45	213	07-22	12:00	202.55	231
07-21	08:00	202.34	193	07-22	12:48	202.71	372
07-21	09:00	202.31	188	07-22	13:06	202.93	424
07-21	10:00	202.33	191	07-22	13:36	203.45	555
07-21	11:00	202.44	211	07-22	13:42	203.80	668
07-21	12:00	202.37	199	07-22	13:48	204.30	827
07-21	13:00	202.22	172	07-22	14:00	204.70	990
07-21	14:00	202.21	171	07-22	14:42	204.90	1 070
07-21	15:00	202.19	167	07-22	14:48	204.94	1 090
07-21	16:00	202.23	174	07-22	14:54	204.87	1 060
07-21	17:00	202.21	171	07-22	15:00	204.86	1 060
07-21	18:00	202.21	171	07-22	16:00	204.56	934

续附表 2-2

日期(月-日)	时间	水位/m	流量/(m³/s)	日期(月-日)	时间	水位/m	流量/(m³/s)
07-22	17:00	204.20	786	07-25	10:00	201.35	108
07-22	18:00	203.80	653	07-25	12:00	201.31	102
07-22	20:00	203.52	573	07-25	20:00	201.26	95.6
07-22	22:00	203.34	527	07-26	08:00	201.14	78.3
07-23	00:00	203.04	452	07-27	08:00	201.00	60.0
07-23	02:00	202.78	389	07-28	08:00	200.98	57.8
07-23	04:00	202.71	372	07-29	08:00	200.85	43.8
07-23	08:00	202.50	330	07-30	08:00	200.78	36.6
07-23	10:00	202.33	292	07-31	08:00	200.76	34.7
07-23	12:00	202.37	300	08-01	08:00	200.70	29.8
07-23	16:00	202.14	258	08-02	08:00	200.68	28.2
07-23	18:00	202.12	254	08-03	08:00	200.56	19.7
07-23	20:00	202.09	248	08-04	08:00	200.55	19.3
07-23	22:00	201.99	229	08-05	08:00	200.56	19.7
07-24	02:00	201.94	220	08-06	08:00	200.52	17.6
07-24	04:00	201.90	212	08-07	08:00	200.48	15.4
07-24	08:00	201.86	204	08-08	08:00	200.47	14.8
07-24	10:00	201.76	183	08-09	08:00	200.46	14.2
07-24	14:00	201.58	150	08-10	08:00	200.42	12.2
07-24	20:00	201.58	150	08-11	08:00	200.45	13.7
07-24	22:00	201.56	147	08-12	08:00	200.44	12.7
07-25	00:00	201.55	145	08-13	08:00	200.45	13.7
07-25	06:00	201.47	128	08-14	08:00	200.40	11.2
07-25	08:00	201.37	111	08-15	08:00	200.37	9.76

附表 2-3　武陟水文站"9·27"和"10·8"洪水水位流量过程摘录表

日期(月-日)	时间	水位/m	流量/(m³/s)	日期(月-日)	时间	水位/m	流量/(m³/s)
09-17	08:00	99.28	38.8	09-20	08:00	104.15	515
09-17	20:00	99.27	38.4	09-20	10:00	104.16	518
09-17	21:00	99.32	40.5	09-20	14:00	104.15	515
09-17	22:00	99.47	47.8	09-21	00:00	104.10	501
09-17	23:30	99.97	82.0	09-21	02:00	104.09	498
09-18	00:30	100.37	118	09-21	06:00	104.06	484
09-18	01:30	100.79	161	09-21	08:00	104.04	489
09-18	02:30	101.20	202	09-21	20:00	103.92	456
09-18	04:00	101.67	243	09-22	02:00	103.82	439
09-18	05:30	102.04	273	09-22	08:00	103.77	430
09-18	06:30	102.22	288	09-23	02:00	103.62	404
09-18	08:00	102.46	301	09-23	08:00	103.58	398
09-18	11:00	102.76	310	09-23	14:00	103.54	391
09-18	14:00	102.91	316	09-23	20:00	103.55	392
09-18	18:30	103.08	328	09-23	22:00	103.49	382
09-19	02:00	103.24	345	09-24	02:00	103.23	339
09-19	06:24	103.37	363	09-24	06:00	103.09	317
09-19	08:00	103.43	371	09-24	08:00	103.08	315
09-19	12:42	103.71	417	09-24	20:00	103.18	331
09-19	16:00	103.83	441	09-25	02:00	103.36	360
09-19	18:00	103.88	450	09-25	05:00	103.52	387
09-19	20:00	103.94	460	09-25	08:00	103.78	431
09-20	02:00	104.11	502	09-25	12:00	104.09	498
09-20	06:12	104.15	515	09-25	14:00	104.18	525

续附表 2-3

日期(月-日)	时间	水位/m	流量/(m³/s)	日期(月-日)	时间	水位/m	流量/(m³/s)
09-26	02:00	104.30	572	09-28	07:00	105.86	1 740
09-26	08:00	104.44	634	09-28	07:54	105.82	1 700
09-26	14:00	104.62	730	09-28	08:00	105.82	1 700
09-26	17:18	104.72	791	09-28	12:00	105.71	1 600
09-26	20:00	104.88	898	09-28	14:00	105.65	1 550
09-27	01:30	105.33	1 250	09-28	16:00	105.58	1 480
09-27	02:00	105.37	1 280	09-28	18:40	105.47	1 370
09-27	04:36	105.63	1 530	09-28	20:00	105.41	1 320
09-27	06:00	105.76	1 640	09-29	02:00	105.16	1 110
09-27	06:12	105.77	1 650	09-29	04:00	105.10	1 060
09-27	08:00	105.90	1 780	09-29	06:00	105.00	987
09-27	10:00	106.00	1 880	09-29	08:00	104.86	884
09-27	11:54	106.06	1 940	09-29	14:00	104.51	670
09-27	12:00	106.06	1 940	09-29	15:00	104.47	649
09-27	14:00	106.10	1 980	09-29	16:00	104.43	629
09-27	15:18	106.12	2 000	09-29	18:00	104.37	601
09-27	16:00	106.12	2 000	09-29	20:00	104.33	585
09-27	18:36	106.12	2 000	09-29	22:00	104.30	572
09-27	20:00	106.12	2 000	09-30	00:00	104.31	576
09-28	00:00	106.03	1 910	09-30	4:00	104.44	634
09-28	01:00	106.01	1 890	09-30	08:00	104.61	725
09-28	03:00	105.96	1 840	09-30	10:00	104.69	772
09-28	04:00	105.95	1 830	09-30	12:00	104.77	823
09-28	06:30	105.87	1 750	09-30	16:00	104.82	856

续附表 2-3

日期(月-日)	时间	水位/m	流量/(m³/s)	日期(月-日)	时间	水位/m	流量/(m³/s)
09-30	20:00	104.81	850	10-05	08:00	103.60	401
10-01	00:00	104.77	823	10-05	14:00	103.56	394
10-01	08:00	104.72	791	10-05	20:00	103.54	391
10-01	14:00	104.70	778	10-06	02:00	103.53	389
10-01	20:00	104.69	772	10-06	08:00	103.49	382
10-01	22:00	104.66	754	10-06	20:00	103.47	379
10-02	04:00	104.45	639	10-07	02:00	103.47	379
10-02	06:00	104.43	629	10-07	08:00	103.59	407
10-02	08:00	104.47	649	10-07	14:00	104.05	556
10-02	10:00	104.51	670	10-07	20:00	104.63	849
10-02	14:00	104.58	708	10-07	23:00	104.82	977
10-02	20:00	104.62	730	10-08	01:00	104.91	1 030
10-03	02:00	104.76	817	10-08	02:00	104.96	1 070
10-03	05:00	104.80	843	10-08	04:00	105.03	1 120
10-03	08:00	104.80	843	10-08	05:00	105.07	1 160
10-03	09:24	104.80	843	10-08	06:00	105.09	1 170
10-03	14:00	104.77	823	10-08	08:00	105.13	1 210
10-03	20:00	104.70	778	10-08	09:00	105.14	1 210
10-03	22:00	104.62	730	10-08	12:00	105.16	1 230
10-04	04:00	104.17	521	10-08	18:00	105.19	1 260
10-04	06:00	104.04	484	10-08	20:00	105.17	1 240
10-04	08:00	103.92	456	10-09	00:00	105.07	1 150
10-04	12:00	103.78	431	10-09	06:00	104.78	893
10-05	00:00	103.67	413	10-09	08:00	104.68	812

续附表 2-3

日期(月-日)	时间	水位/m	流量/(m³/s)	日期(月-日)	时间	水位/m	流量/(m³/s)
10-09	14:00	104.35	603	10-16	8:00	102.90	363
10-09	18:00	104.22	559	10-16	14:00	102.88	361
10-09	20:00	104.19	552	10-16	20:00	102.88	361
10-10	02:00	104.13	540	10-17	08:00	102.87	359
10-10	08:00	104.19	552	10-17	14:00	102.84	356
10-10	14:00	104.22	559	10-17	20:00	102.83	355
10-11	02:00	104.11	536	10-18	08:00	102.81	352
10-11	08:00	104.15	544	10-18	14:00	102.78	349
10-11	14:00	104.20	554	10-18	20:00	102.79	350
10-11	20:00	104.16	545	10-19	08:00	102.70	339
10-12	02:00	104.07	528	10-19	20:00	102.69	338
10-12	08:00	104.03	521	10-20	08:00	102.68	336
10-12	14:00	104.01	518	10-20	20:00	102.71	340
10-12	16:00	104.00	516	10-21	08:00	102.68	336
10-12	20:00	103.87	493	10-21	14:00	102.67	335
10-13	04:00	103.53	441	10-21	18:00	102.59	326
10-13	08:00	103.46	433	10-21	22:00	101.97	255
10-13	20:00	103.35	419	10-22	01:00	101.34	188
10-14	06:00	103.06	382	10-22	04:00	100.80	135
10-14	08:00	103.03	379	10-22	06:00	100.60	119
10-14	14:00	103.00	375	10-22	08:00	100.42	106
10-14	20:00	102.99	374	10-22	10:00	100.29	97.5
10-15	02:00	102.95	369	10-22	20:00	100.06	84.0
10-15	08:00	102.96	370	10-23	08:00	99.88	75.3

附表 3　主要中型水库洪水过程摘录表

附表 3-1　群英水库"7·22"洪水水位流量过程摘录表

日期 （月-日）	时间	水位/ m	蓄水量/ 万 m³	入库 流量/ （m³/s）	出库 流量/ （m³/s）	日期 （月-日）	时间	水位/ m	蓄水量/ 万 m³	入库 流量/ （m³/s）	出库 流量/ （m³/s）
07-16	08：00	472.11	1 087	0.35	0	07-20	05：00	477.84	1 332	70.0	70.0
07-17	08：00	472.13	1 088	0.12	0	07-20	06：00	477.81	1 330	64.4	70.0
07-18	08：00	472.24	1 092	0.46	0	07-20	07：00	477.79	1 330	70.0	70.0
07-19	08：00	472.76	1 115	2.66	0	07-20	08：00	477.77	1328	56.9	55.0
07-19	09：00	473.78	1 156	114	0	07-20	09：00	477.75	1 327	52.2	55.0
07-19	10：00	474.90	1 201	125	0	07-20	10：00	477.75	1 327	55.0	55.0
07-19	11：00	476.13	1 256	153	0	07-20	11：00	477.71	1 326	50.2	51.0
07-19	12：00	477.10	1 301	125	0	07-20	12：00	477.70	1 325	47.7	50.0
07-19	13：00	477.92	1 334	91.67	0	07-20	13：00	477.70	1 325	48.5	47.0
07-19	14：00	478.07	1 340	16.67	0	07-20	14：00	477.75	1 327	54.6	51.0
07-19	15：00	478.11	1 342	5.56	0	07-20	15：00	477.77	1 328	54.3	52.0
07-19	21：00	478.18	1 345	47.9	93.0	07-20	16：00	477.83	1 331	62.3	56.0
07-19	22：00	478.12	1 343	84.9	88.0	07-20	17：00	477.89	1 333	65.1	63.0
07-19	23：00	478.07	1 341	79.9	83.0	07-20	18：00	477.97	1 336	75.3	71.0
07-20	00：00	478.01	1 338	70.7	75.0	07-20	19：00	478.04	1 339	79.3	71.0
07-20	01：00	477.97	1 337	72.2	75.0	07-20	20：00	478.12	1 342	86.8	86.0
07-20	02：00	477.93	1 335	66.4	69.0	07-20	21：00	478.15	1 344	93.6	90.0
07-20	03：00	477.89	1 333	63.9	70.0	07-20	22：00	478.18	1 345	95.3	95.0
07-20	04：00	477.86	1 332	67.2	70.0	07-20	23：00	478.21	1 346	99.8	99.0

续附表 3-1

日期（月-日）	时间	水位/m	蓄水量/万 m³	入库流量/（m³/s）	出库流量/（m³/s）	日期（月-日）	时间	水位/m	蓄水量/万 m³	入库流量/（m³/s）	出库流量/（m³/s）
07-21	00:00	478.25	1 347	104	104	07-21	22:00	478.63	1 361	164	169
07-21	01:00	478.33	1 347	109	114	07-22	00:00	478.50	1 356	146	136
07-21	02:00	478.25	1 351	129	122	07-22	02:00	478.47	1 355	133	132
07-21	03:00	478.41	1 352	126	124	07-22	04:00	478.47	1 355	132	132
07-21	04:00	478.51	1 356	142	137	07-22	06:00	478.37	1 351	119	118
07-21	05:00	478.52	1 357	141	139	07-22	08:00	478.30	1 349	111	110
07-21	06:00	478.49	1 356	134	134	07-22	09:00	478.35	1 351	119	116
07-21	07:00	478.56	1 358	145	144	07-22	10:00	478.58	1 359	154	147
07-21	08:00	478.65	1 362	162	157	07-22	11:00	479.08	1 379	244	229
07-21	09:00	478.79	1 368	185	179	07-22	12:00	479.45	1 394	306	300
07-21	10:00	478.92	1 373	204	201	07-22	13:00	479.60	1 400	332	330
07-21	11:00	479.04	1 378	225	222	07-22	14:00	479.59	1 400	321	312
07-21	12:00	479.09	1 380	232	231	07-22	15:00	479.51	1 396	296	302
07-21	13:00	479.03	1 377	218	221	07-22	16:00	479.32	1 389	269	274
07-21	14:00	478.97	1 375	210	210	07-22	18:00	479.00	1 376	221	205
07-21	15:00	478.93	1 373	201	203	07-22	20:00	478.78	1 367	179	177
07-21	16:00	478.93	1 373	203	203	07-22	22:00	478.60	1 360	153	149
07-21	17:00	478.91	1 372	199	200	07-23	00:00	478.45	1 354	131	129
07-21	18:00	478.89	1 372	198	196	07-23	02:00	478.34	1 350	116	115
07-21	19:00	478.83	1 369	182	185	07-23	04:00	478.21	1 346	101	98.5
07-21	20:00	478.77	1 367	175	176	07-23	06:00	478.14	1 344	91.8	90.6

续附表 3-1

日期（月-日）	时间	水位/m	蓄水量/万 m³	入库流量/（m³/s）	出库流量/（m³/s）	日期（月-日）	时间	水位/m	蓄水量/万 m³	入库流量/（m³/s）	出库流量/（m³/s）
07-23	08:00	478.06	1 340	80.6	81.8	07-26	14:00	477.29	1 307	23.2	23.3
07-23	10:00	478.00	1 338	75.7	75.2	07-26	20:00	477.28	1 307	23.1	22.9
07-23	12:00	477.95	1 336	69.9	70.2	07-27	02:00	477.26	1 307	22.6	22.2
07-23	14:00	477.89	1 334	64.4	64.2	07-27	08:00	477.25	1 306	21.6	21.9
07-23	16:00	477.85	1 332	59.4	60.2	07-27	20:00	477.26	1 307	22.3	22.2
07-23	18:00	477.80	1 330	54.9	55.2	07-28	08:00	477.23	1 306	21.5	21.2
07-23	20:00	477.78	1 329	53.1	53.7	07-28	20:00	477.21	1 305	20.6	20.5
07-23	22:00	477.74	1 327	49.4	50.7	07-29	08:00	477.20	1 305	20.3	20.1
07-24	00:00	477.70	1 325	46.4	47.7	07-29	20:00	477.20	1 305	20.1	20.1
07-24	02:00	477.68	1 324	45.6	46.2	07-30	08:00	477.18	1 305	19.6	19.1
07-24	05:00	477.64	1 322	42.8	43.2	07-30	20:00	477.19	1 305	19.4	19.6
07-24	08:00	477.61	1 321	41.1	40.9	07-31	08:00	477.17	1 304	18.9	18.6
07-24	12:00	477.56	1 318	37.2	37.6	07-31	20:00	477.13	1 303	17.4	16.6
07-24	16:00	477.53	1 317	35.9	35.6	08-01	08:00	477.12	1 303	16.4	16.1
07-24	20:00	477.50	1 315	33.3	33.7	08-01	20:00	476.99	1 299	12.6	11.0
07-25	02:00	477.45	1 313	31.1	30.4	08-02	08:00	476.86	1 292	9.38	11.0
07-25	08:00	477.42	1 311	28.5	28.4	08-03	08:00	476.50	1 274	8.92	11.0
07-25	14:00	477.39	1 310	27.1	26.8	08-04	08:00	475.98	1 249	8.11	11.0
07-25	20:00	477.37	1 309	26.0	26.1	08-05	8:00	475.48	1 226	8.34	11.0
07-26	02:00	477.35	1 309	25.8	25.4	08-06	08:00	474.98	1 205	8.57	11.0
07-26	08:00	477.31	1 308	24.2	24.0	08-07	08:00	474.49	1 184	8.57	11.0

续附表 3-1

日期 （月-日）	时间	水位/ m	蓄水量/ 万 m³	入库 流量/ (m³/s)	出库 流量/ (m³/s)	日期 （月-日）	时间	水位/ m	蓄水量/ 万 m³	入库 流量/ (m³/s)	出库 流量/ (m³/s)
08-08	08:00	474.09	1 168	9.15	11.0	08-13	08:00	472.97	1 121	4.00	4.0
08-09	08:00	473.77	1 154	7.38	7.0	08-14	08:00	472.97	1 121	4.00	4.0
08-10	08:00	473.42	1 140	5.38	7.0	08-15	08:00	472.97	1 121	4.00	4.0
08-11	08:00	473.05	1 124	5.15	7.0	08-16	08:00	472.96	1 121	3.50	3.0
08-12	08:00	472.98	1 121	5.15	4.0						

附表 3-2　马鞍石水库"7·22"洪水水位流量过程摘录表

日期 （月-日）	时间	水位/ m	蓄水量/ 万 m³	入库 流量/ (m³/s)	出库 流量/ (m³/s)	日期 （月-日）	时间	水位/ m	蓄水量/ 万 m³	入库 流量/ (m³/s)	出库 流量/ (m³/s)
07-17	08:00	152.16	604	2.00	4.50	07-19	17:00	153.81	679	118	118
07-18	08:00	151.91	592	2.00	4.70	07-19	18:00	153.75	676	102	110
07-19	07:00	152.62	618	13.0	6.00	07-19	19:00	153.67	672	90.9	100
07-19	08:00	152.62	618	13.0	6.00	07-19	20:00	153.61	668	86.2	93.3
07-19	09:00	153.53	662	128	83.9	07-19	21:00	153.56	664	81.6	87.5
07-19	10:00	153.64	670	102	96.0	07-19	22:00	153.49	660	72.4	79.4
07-19	11:00	153.63	670	94.3	95.5	07-19	23:00	153.43	655	60.0	73.0
07-19	12:00	153.56	664	83.9	87.5	07-20	00:00	153.38	656	62.7	67.7
07-19	13:00	153.55	664	85.1	86.3	07-20	01:00	153.30	653	51.3	59.3
07-19	14:00	153.68	673	127	102	07-20	02:00	153.30	653	59.3	59.3
07-19	15:00	153.78	678	128	114	07-20	03:00	153.25	650	50.1	54.6
07-19	16:00	153.81	679	122	118	07-20	04:00	153.23	649	50.9	52.7

续附表 3-2

日期 （月-日）	时间	水位/ m	蓄水量/ 万 m³	入库 流量/ （m³/s）	出库 流量/ （m³/s）	日期 （月-日）	时间	水位/ m	蓄水量/ 万 m³	入库 流量/ （m³/s）	出库 流量/ （m³/s）
07-20	05:00	153.14	644	36.2	44.4	07-21	02:00	153.89	682	134	128
07-20	06:00	153.18	646	54.1	48.0	07-21	03:00	153.94	685	141	135
07-20	07:00	153.15	645	42.5	45.2	07-21	04:00	153.94	685	138	135
07-20	08:00	153.13	644	41.6	43.4	07-21	05:00	153.90	683	124	129
07-20	09:00	153.10	642	37.9	40.6	07-21	06:00	153.97	686	148	139
07-20	10:00	153.10	642	40.6	40.6	07-21	07:00	154.15	694	186	164
07-20	11:00	153.10	642	40.6	40.6	07-21	08:00	154.27	699	195	181
07-20	12:00	153.11	642	42.8	41.5	07-21	09:00	154.42	705	220	203
07-20	13:00	153.14	644	49.0	44.3	07-21	10:00	154.55	711	236	219
07-20	14:00	153.17	646	51.6	47.1	07-21	11:00	154.67	718	250	230
07-20	15:00	153.23	649	61.8	52.7	07-21	12:00	154.90	730	333	283
07-20	16:00	153.29	652	67.4	58.3	07-21	13:00	154.86	728	259	270
07-20	17:00	153.38	656	77.0	67.7	07-21	14:00	154.75	722	242	258
07-20	18:00	153.43	658	77.9	73.0	07-21	15:00	154.83	726	282	271
07-20	19:00	153.48	659	83.4	78.3	07-21	16:00	154.99	734	318	299
07-20	20:00	153.51	661	85.3	81.5	07-21	17:00	154.93	731	283	288
07-20	21:00	153.51	661	81.5	81.5	07-21	18:00	154.78	724	237	262
07-20	22:00	153.51	661	81.5	81.5	07-21	19:00	154.64	716	203	239
07-20	23:00	153.54	663	90.9	85.1	07-21	20:00	154.46	706	181	210
07-21	00:00	153.68	673	129	102	07-21	21:00	154.30	700	161	186
07-21	01:00	153.84	680	143	122	07-21	22:00	154.18	695	151	168

续附表 3-2

日期（月-日）	时间	水位/m	蓄水量/万 m³	入库流量/（m³/s）	出库流量/（m³/s）	日期（月-日）	时间	水位/m	蓄水量/万 m³	入库流量/（m³/s）	出库流量/（m³/s）
07-21	23:00	154.05	690	133	150	07-22	20:00	153.93	684	128	134
07-22	00:00	153.95	685	122	136	07-22	21:00	153.86	681	120	124
07-22	01:00	153.88	682	123	127	07-22	22:00	153.77	677	107	1 123
07-22	02:00	153.83	680	118	120	07-22	23:00	153.71	674	101	105
07-22	03:00	153.77	677	108	113	07-23	00:00	153.65	671	90.7	98.0
07-22	04:00	153.71	674	101	105	07-23	01:00	153.61	668	87.9	93.3
07-22	05:00	153.66	671	93.8	99.2	07-23	02:00	153.57	665	79.1	80.4
07-22	06:00	153.65	670	95.8	98.0	07-23	03:00	153.52	661	71.9	82.8
07-22	07:00	153.70	674	112	104	07-23	04:00	153.48	659	74.7	78.3
07-22	08:00	154.30	700	217	186	07-23	05:00	153.45	658	73.6	75.1
07-22	09:00	155.05	736	409	309	07-23	06:00	153.41	657	69.1	70.9
07-22	10:00	155.06	736	307	311	07-23	07:00	153.39	656	67.9	68.8
07-22	11:00	155.21	742	355	338	07-23	08:00	153.36	655	64.4	65.6
07-22	12:00	155.28	745	352	351	07-23	09:00	153.34	653	59.8	63.5
07-22	13:00	155.02	735	292	304	07-23	10:00	153.34	655	69.1	63.5
07-22	14:00	154.83	727	265	271	07-23	11:00	153.28	652	50.7	57.42
07-22	15:00	154.60	714	217	233	07-23	12:00	153.25	650	51.3	54.6
07-22	16:00	154.40	704	189	201	07-23	14:00	153.23	649	51.5	52.7
07-22	17:00	154.26	698	175	180	07-23	14:00	153.23	649	51.5	52.7
07-22	18:00	154.13	693	156	161	07-23	16:00	153.19	647	46.8	49.0
07-22	19:00	154.03	689	142	147	07-23	18:00	153.15	645	45.2	45.2

续附表 3-2

日期 （月-日）	时间	水位/ m	蓄水量/ 万 m³	入库 流量/ （m³/s）	出库 流量/ （m³/s）	日期 （月-日）	时间	水位/ m	蓄水量/ 万 m³	入库 流量/ （m³/s）	出库 流量/ （m³/s）
07-23	20：00	153.15	645	45.2	45.2	07-25	14：00	152.81	631	19.4	19.4
07-23	22：00	153.02	639	27.6	34.3	07-25	17：00	152.80	629	18.8	18.8
07-24	04：00	153.02	639	34.4	34.3	07-25	20：00	152.79	628	17.5	17.5
07-24	06：00	153.01	638	31.1	33.5	07-25	23：00	152.76	627	13.8	16.3
07-24	08：00	152.99	638	31.9	31.9	07-26	02：00	152.75	626	13.2	15.7
07-24	11：00	152.96	636	27.2	29.5	07-26	05：00	152.74	626	15.1	15.1
07-24	14：00	152.95	634	23.2	28.8	07-26	08：00	152.73	626	14.8	14.5
07-24	17：00	152.92	634	26.8	26.4	07-26	20：00	152.70	624	12.7	12.7
07-25	20：00	152.91	634	25.6	25.6	07-27	08：00	152.67	623	11.7	11.7
07-25	23：00	152.88	635	26.7	23.6	07-28	08：00	152.63	621	10.2	10.2
07-25	00：00	152.87	634	20.5	23.0	07-29	08：00	152.58	619	8.30	8.60
07-25	05：00	152.85	633	20.4	21.8	07-30	08：00	152.56	618	7.90	7.90
07-25	08：00	152.84	632	18.7	21.2	07-31	08：00	152.53	617	6.90	6.90
07-25	11：00	152.83	632	20.6	20.6	08-01	08：00	152.50	616	5.60	6.20

附表 3-3　青天河水库"7·22"洪水水位流量过程摘录表

日期 （月-日）	时间	水位/ m	蓄水量/ 万 m³	入库 流量/ （m³/s）	出库 流量/ （m³/s）	日期 （月-日）	时间	水位/ m	蓄水量/ 万 m³	入库 流量/ （m³/s）	出库 流量/ （m³/s）
07-10	08：00	352.87	1 272	3.03	3.42	07-11	18：00	353.07	1 285	13.5	15.2
07-11	08：00	352.82	1 268	3.22	3.95	07-11	19：00	353.06	1 284	12.4	15.2
07-11	17：00	353.07	1 285	13.1	11.7	07-11	20：00	353.03	1 282	9.64	15.2

续附表 3-3

日期 （月-日）	时间	水位/ m	蓄水量/ 万 m³	入库 流量/ （m³/s）	出库 流量/ （m³/s）	日期 （月-日）	时间	水位/ m	蓄水量/ 万 m³	入库 流量/ （m³/s）	出库 流量/ （m³/s）
07-11	21:00	353.01	1 281	12.3	15.0	07-19	21:00	353.40	1 308	55.7	75.1
07-11	22:00	352.99	1 279	9.44	15.0	07-19	22:00	353.28	1 299	50.1	75.1
07-12	08:00	352.84	1 270	11.7	13.4	07-19	23:00	353.17	1 291	52.9	75.2
07-13	08:00	352.72	1 262	12.5	13.5	07-20	00:00	353.03	1 282	50.2	75.2
07-14	08:00	352.85	1 270	12.1	8.90	07-20	01:00	352.93	1 276	58.5	75.2
07-15	08:00	352.80	1 267	7.96	7.71	07-20	08:00	352.17	1 227	55.9	75.4
07-16	08:00	352.79	1 266	6.41	5.35	07-20	19:00	353.09	1 286	90.2	75.2
07-17	08:00	352.46	1 245	4.55	8.61	07-20	20:00	353.21	1 295	110	95.4
07-18	08:00	352.20	1 229	12.3	15.0	07-20	21:00	353.30	1 301	112	95.4
07-19	08:00	352.29	1 235	6.50	6.01	07-20	22:00	353.36	1 305	107	95.4
07-19	10:00	353.25	1 298	103	25.3	07-20	23:00	353.41	1 309	116	115
07-19	11:00	353.56	1 319	93.6	45.2	07-21	00:00	353.45	1 312	123	115
07-19	12:00	353.76	1 330	75.8	45.2	07-21	01:00	353.42	1 309	117	135
07-19	13:00	353.90	1 343	81.3	45.1	07-21	02:00	353.40	1 308	132	135
07-19	14:00	353.96	1 347	71.2	75.1	07-21	03:00	353.37	1 306	129	135
07-19	15:00	353.93	1 345	69.5	75.0	07-21	4:00	353.33	1 303	127	135
07-19	16:00	353.87	1 341	63.9	75.0	07-21	05:00	353.32	1 303	135	135
07-19	17:00	353.80	1 336	61.1	75.0	07-21	06:00	353.30	1 301	129	135
07-19	18:00	353.69	1 328	52.8	75.0	07-21	07:00	353.28	1 300	132	135
07-19	19:00	353.59	1 321	55.6	75.1	07-21	08:00	353.33	1 303	143	135
07-19	20:00	353.50	1 315	58.4	75.1	07-21	09:00	353.42	1 309	157	145

续附表 3-3

日期 （月-日）	时间	水位/ m	蓄水量/ 万 m³	入库 流量/ （m³/s）	出库 流量/ （m³/s）	日期 （月-日）	时间	水位/ m	蓄水量/ 万 m³	入库 流量/ （m³/s）	出库 流量/ （m³/s）
07-21	10:00	353.32	1 302	136	165	07-22	17:00	353.93	1 345	30.0	155
07-21	11:00	353.18	1 293	140	165	07-22	18:00	353.49	1 314	68.9	155
07-21	12:00	353.05	1 284	140	165	07-22	19:00	353.17	1 291	91.1	155
07-21	13:00	352.91	1 274	137	165	07-22	20:00	352.91	1 274	108	155
07-21	14:00	352.79	1 266	143	165	07-22	21:00	352.68	1 260	116	155
07-21	16:00	352.56	1 252	146	165	07-22	22:00	352.48	1 247	119	155
07-21	18:00	352.43	1 244	154	165	07-22	23:00	352.32	1 236	124	155
07-21	20:00	352.34	1 238	157	165	07-23	00:00	352.21	1 229	136	155
07-21	22:00	352.25	1 232	157	165	07-23	02:00	352.09	1 222	145	155
07-22	00:00	352.12	1 224	154	165	07-23	04:00	352.04	1 219	151	155
07-22	02:00	352.08	1 221	161	165	07-23	06:00	351.96	1 213	147	155
07-22	04:00	352.18	1 228	175	165	07-23	08:00	351.99	1 215	158	155
07-22	06:00	352.33	1 237	177	165	07-23	10:00	352.01	1 217	158	155
07-22	08:00	352.42	1 243	168	155	07-23	11:00	351.97	1 214	147	155
07-22	10:00	352.62	1 256	173	155	07-23	14:00	351.86	1 206	148	155
07-22	11:00	353.43	1 310	305	155	07-23	15:00	351.92	1 211	169	155
07-22	12:00	354.03	1 352	272	155	07-23	16:00	351.96	1 213	161	155
07-22	13:00	354.29	1 373	213	155	07-23	18:00	351.89	1 209	149	155
07-22	14:00	354.93	1 424	297	155	07-23	20:00	351.86	1 206	151	155
07-22	15:00	355.11	1 438	194	155	07-23	22:00	352.06	1 220	174	155
07-22	16:00	354.50	1 390	21.7	155	07-24	00:00	352.08	1 221	156	155

续附表 3-3

日期 （月-日）	时间	水位/ m	蓄水量/ 万 m³	入库 流量/ （m³/s）	出库 流量/ （m³/s）	日期 （月-日）	时间	水位/ m	蓄水量/ 万 m³	入库 流量/ （m³/s）	出库 流量/ （m³/s）
07-24	02:00	352.03	1 218	151	155	07-31	08:00	350.74	1 132	26.2	25.0
07-24	04:00	352.02	1 217	154	155	08-01	08:00	350.68	1 128	23.0	22.0
07-24	06:00	352.00	1216	154	155	08-02	08:00	350.55	1 120	19.4	18.7
07-24	08:00	352.00	1 216	144	137	08-03	08:00	350.66	1 127	20.2	20.0
07-25	08:00	351.68	1 194	124	117	08-04	08:00	350.71	1 130	21.1	21.6
07-26	08:00	351.14	1 158	113	117	08-05	08:00	350.69	1 129	22.3	23.3
07-27	08:00	350.90	1 142	83.6	54.0	08-06	08:00	350.50	1 117	21.2	21.9
07-28	08:00	350.84	1 138	49.0	45.0	08-07	08:00	350.75	1 133	24.2	22.8
07-29	08:00	350.88	1 141	37.8	30.0	08-08	08:00	350.73	1 131	22.5	22.7
07-30	08:00	350.79	1 135	28.3	28.0						

参考文献

［1］水利部水文局,水利部淮河水利委员会.2003 年淮河暴雨洪水［M］.北京:中国水利水电出版社, 2005.

［2］刘冠华,何俊霞,崔亚军,等.2018 年河南省"8·18"暴雨洪水［M］.郑州:黄河水利出版社,2020.

［3］刘沂轩,洪光雨,王德维,等.连云港市 2019 年暴雨洪水分析［M］.徐州:中国矿业大学出版社, 2019.

［4］长江水利委员会.2005 年 10 月汉江暴雨洪水［M］.武汉:长江出版社,2007.

［5］刘磊,焦迎乐,张东霞,等.焦作市水资源评价［M］.郑州:黄河水利出版社,2021.

［6］韩潮.河南省河流水文特征手册［M］.郑州:黄河水利出版社,2014.

［7］韩潮,余玉敏,刘义滨,等.河南省流域面积 30~50 平方千米河流资料汇编［M］.西安:西安地图出版 社,2014.

［8］苏爱芳,吕晓娜,崔丽曼,等.郑州"7·20"极端暴雨天气的基本观测分析［J］.暴雨灾害,2021(5): 445-454.

［9］Cheng zhe.2021.7.20 河南/郑州暴雨浅析［EB］https://zhuanlan.zhihu.com/p/427343461.

［10］焦作暴雨洪涝灾害情况发布［EB/OL］https://news.qq.com/rain/a/20210902A0CT4700［2021-09- 02］.